ハリネズミ飼いになる

飼い方から、一緒に暮らす楽しみ、グッズまで

ハリネズミ好き編集部　編

怒ると針を立てるけど
その姿も愛らしい
ハリネズミ
背中はチクチク
お腹はふわふわ
このかわいらしさは
究極のツンデレ？

DINERS
et
SOUPERS
à
la carte
CAFÉ
25c
CAFÉ cognac
rhum ou Kirsch
25c
MAZAGRAN 20c
Champoreau
25c
H E D

ハリネズミは
モグラの仲間
だから
狭いところや
暗いところに
もぐるのが
大好きです
すみっこも
お気に入り

クンクン
クンクン
ハリネズミは
鼻がとても敏感
そのかわり目は
よくありません
飼い主さんのことも
においで
かぎわけます

背中の針を立てて
コロンと丸くなる
こうすることで
ハリネズミは
自分の身を守ります
小さな体で精一杯
その姿も
ハリネズミの魅力

ちょっと警戒中
まずオデコの上の
針が立ちます

超警戒中
全身トゲトゲ
近づかないで！

ハリネズミは夜行性
昼間はおやすみしています
丸くなって眠る姿も
かわいいハリネズミ
見れば見るほど
愛しさがつのります
あなたも、ハリネズミ飼いに
なってみませんか？

CONTENTS

ハリネズミ飼いへの道 ～入門編～ 51

かわいい！役立つ！を手作りしよう How to make

かわいく撮ろう ハリネズミ写真講座 86

ハリネズミ飼いへの道 ～もっと詳しく編～ 97

ハリネズミと過ごす素敵な時間

ハリネズミ飼いさんの暮らし

トゲトゲしたフォルムにまんまるのかわいいお目目。そのギャップが見る人を魅了するハリネズミ。一緒にいるとどんな時間が過ごせるのか、ハリネズミ飼いさんの暮らしぶりをのぞいてみませんか？

CASE1

個性の違う2匹と楽しむハリネズミライフ

神奈川県　荻野裕基さん・弥生さん

一目ぼれ！　でもしっかりと準備をしてからお迎え

荻野さんご夫妻がハリネズミに出会ったのは、2年前。動物好きな弥生さんがペットショップへ遊びに行ったのがきっかけでした。

「店員さんの手の上で、ひっくり返って自力で起き上がれずに手足をバタバタとさせていた姿があまりにかわいくて。一目ぼれしてしまいました」。

まずは、飼育書やインターネットで飼い方を勉強することから始めたお二人。近所の動物病院に何軒も電話してハリネズミを診てもらえる病院を探してから、ビッケくんをお迎えしました。

「動物病院は検診に行ってみて、先生の手つきや話があやふやじゃないかを見極めてから決めました。でも今の病院に落ち着くまで3回変わっているんです。病院選びはハリネズミを飼う上で誰もがぶつかる壁かもしれませんね」。

そしてビッケくんを飼い始めた翌年、メルちゃんをお迎え。

「ビッケは人なつこく、おっとりしていて、手のひらの上で寝てしまうこともあります。メルもおっとりしていたんですけど、最近はすっかり活発な子になりました」。

夜行性のハリネズミですが、2匹はどちらかというと昼型だとか。特に明け方から昼頃まで起きているビッケくんは、荻野さんが家にいるときはケージから自由に出入りさせています。でもメルちゃんとは、オスとメスということもあり、一緒にケージから出すことはありません。メルちゃんは、目が合うとケージ扉のところに来て身を乗り出すのが合図。そして弥生さんが手を差し出すと乗ってきてコミュニケーションタイムが始まるそうです。

ビッケくん(スタンダード・オス・2歳)は、コタツやお布団の中など、暖かいところが大好き。いつももぐっては寝ています

活発な女の子、メルちゃん(シナモン・メス・1歳)。ケージを出ると、いろいろなところを探検します

荻野さんご夫妻とビッケくん(左)とメルちゃん(右)。普段は一緒に出さないので、ビッケくんやや興奮気味?!

2匹のケージスペースはご夫婦の寝室に設置。ケージカバーはお手製。体内時計が狂わないよう、昼間は扉部分のカバーは開けるようにしています

それぞれのケージに温湿度計を設置。特に冬場は下の方が冷えるので、比較して対策できるようにしています

ビッケくんはケージから出入りしやすいように1階、元気いっぱいのメルちゃんは活発で目が離せないので2階に

給水ボトルが苦手な2匹のために見つけた鳥用の陶器製給水器。重みがありひっくり返ることもありません

100均のギフトボックスで手作りした夏用ハウス。ハウスのサイズに合わせたクッションも作って敷いています。寝袋はそれぞれの成長に合わせて手作り。季節で素材を変え、夏は綿で涼しく、冬はフリース素材でモコモコに

床材は、2匹とも掘ったりかじったりしないので、犬用のトイレシートを使用。おしっこをした場所もわかるので便利。夜ケージカバーをしていても、2匹のうちどちらが動き回っているかを把握するためにビッケくんのケージには猫用の鈴が

かわいいハンドメイドに囲まれた暮らし

2匹のごはんは夜1回、ケージに入れます。始めはハリネズミ専用フードをあげていたそうですが、偏食が激しい2匹のために試行錯誤して、現在はふやかした固形のドッグフードとキャットフードに缶詰のキャットフードを加えてあげています。ときどき、ごほうびとしてミールワームをあげているとか。

「ミールワームは最初は怖くて。でもあげてみたら、とてもうれしそうに食べてくれました。その食べている姿がかわいいので、今では自家繁殖させてあげています。また、2匹が食べなくなったフードをミールワームのエサに混ぜてあげたりもするので、栄養補給にもなっています」。

飼育グッズには、弥生さんの手作りものがたくさんあります。ケージカバーやハウス、寝袋など、どれもかわいくて使いやすいものばかり。

「ハリネズミ専用の飼育用品はとても少ないので、どうしてもハンドメイドが多くなりますね。でももともと手芸好きだったので、とても楽しいです。最初はビッケだけだったので、男の子に合う柄や生地を見つけるのが難しくて。でもメルをお迎えしてからは、お花柄とかかわいいのも増やせて、俄然やる気が出てきました」。

ハンドメイドのイベントで出会った、イラストレーターおがわこうへいさん作の羊毛人形

ケージの上の棚にはハリネズミグッズをディスプレイ。人からいただいたり、手作りしたり

一番のお気に入りは、多肉植物で作った寄せ植え。ハリネズミ好きな人にはなぜか多肉植物好きが多いとか

ビッケくんが通ります。ご注意くださーい！

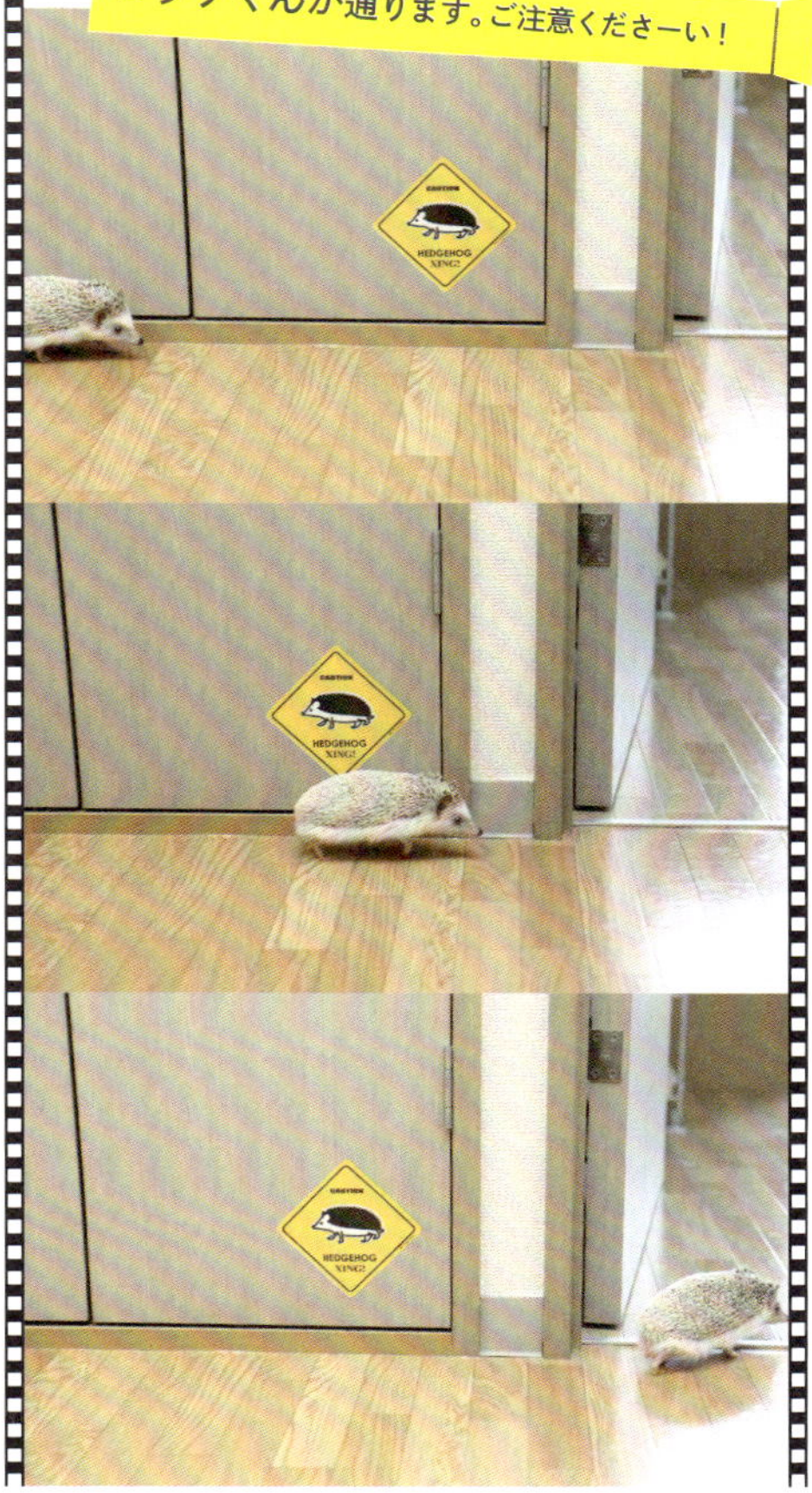

ビッケくんはお部屋に放しても、決まった道しか通りません。行きも帰りも同じ道

座布団にももぐっちゃう
ビッケくん

裕基さんのお隣はビッケくんの特等席。
添い寝することもしばしば

メルちゃん＆弥生さんのふれあいタイム。
手の中で気持ちよさそうにリラックス

メルちゃんは和室のソファが大好き。いつもクッションの間にもぐっています

奇跡の2匹に出会えた幸せ

ハリネズミは人にはなつかない――ビッケくんやメルちゃんを飼い始める前にそう聞いていた荻野さん夫妻。でも実際に自宅に迎えて生活を始めてみると、二人にうれしそうに抱っこされたり、添い寝したり、お部屋を歩き回ったり。2匹との楽しい思い出はどんどん増えていきます。

「ハリネズミは、飼っても鑑賞するだけだと聞いていたので、自分はごはんをあげるだけになることも覚悟していました。だからこそ、人懐っこいビッケや元気いっぱい遊ぶメルに出会えたのは、本当に奇跡だと思っています」。

CASE2

ハリネズミの気持ちに寄りそった暮らし

東京都　川手麻里さんご一家

生活リズムがぴったりのハリネズミとの出会い

仕事が忙しく、いつも夜遅く家に帰ってくるという川手さん。もともとご実家では鳥を飼っていたこともあり、動物が家にいたらいいなぁと思いながら過ごしていたそうです。そんなとき、たまたま雑誌でハリネズミの特集を目にしました。

「雑誌を見てとてもかわいいなと思ったのですが、調べてみると、動物病院探しが大変だったり、虫をあげる覚悟が必要とあったので、すごく迷いました。でも夜行性なら、遅く帰ってきてもふれ合う時間が長く取れます。主人にも相談して、飼うことにしました」。

そして、飼うなら「この子！」と思える子にしたいと思い、健康面でも安心できる専門のブリーダーさんから、デイジーちゃんをお迎えしました。

デイジーちゃんの一日は、川手さんが帰宅し、ごはんをあげる夜10時頃から始まります。ごはんを食べたら、ケージから出て30分ほど一緒に遊びます。

「ケージから出すときは、大体ソファの上に一緒に座ります。私の背中とソファの間を通って遊んだり、膝の上で寝たりします。体に登ってくるときもあり、〝なでてもらえる〟と思っているみたいですね」。

ケージに戻り、川手さんが寝るために電気を消すと、いよいよ本格的な活動時間。翌朝の5時半頃まで回し車で走ったり休んだりを繰り返すそうです。

「電気がついている間は動きたくないみたいで、電気を消すと30秒後位には走り出してます。でも部屋に戻って電気をつけると、またピタッと止まるんですよ（笑）」。

ナデナデ大好き。
特に目の横をなでられるのが好き

寝袋の中ではなく、下にもぐるのが大好き。「鼻の上に何かを乗せておくと、落ち着くみたいです」

デイジーちゃん（スタンダード・メス）は2013年9月9日生まれ。体重は、お迎えしてすぐの冬には400g近くになりましたが、暖かくなってから動きが活発になったせいか、今は370gくらいに

デイジーちゃんはミルクが大好き。小さい頃はごはんと一緒にあげたり、食欲が落ちたときにごはんに混ぜてあげていたそうです

専用フードは、小分けにして販売しているネットショップで購入。中でもよく食べる種類は大きいパッケージのものを買います

タオルが置いてあると必ずもぐります

フリースの靴下を寝袋代わりに使用。そのままだと長すぎるので、つま先部分を結んで出入りしやすくしています

デイジーちゃんのペースに合わせて暮らす

デイジーちゃんはとても慎重派。新しいものに慣れるまで時間がかかります。

「以前、寝袋を手作りしたんですけど、入るようになるまで1カ月近くかかりました。変化に敏感なので、ケージ掃除の後などは、何か変わっていないかなと必ず確認してますね」。

そんなデイジーちゃんですから、お家にお迎えしてからも落ち着くまでに時間がかかりました。

「変なにおいや新しいにおいがすると怒るんです。でも毎日少しずつさわるようにしていたら、だんだん慣れてきて、私のにおいを覚

昼間はウンチはトイレでできるデイジーちゃん。「夜は回し車で興奮して出てしまうことが多いんですけど、足の裏につくのが嫌なのか、頑張って車輪の外にするようになりました」

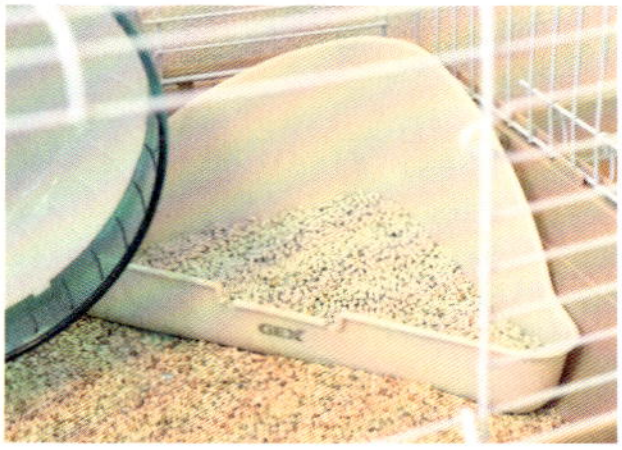

小さい頃は川手さんが見ていても走っていた回し車ですが、最近は見ているときは絶対にやらないそう。「暑さ対策で、ひんやりする植木鉢を入れました。でもまだ一度も使ってくれていません」

左2つの寝袋は手作り。入ってくれるまでには時間がかかりましたが、今ではお気に入りです

ハリネズミのキーホルダーとノート。キーホルダーはお友達からのプレゼント

えてくれたみたいです。無理矢理さわるのはかわいそうですけど、慣れさせたい人は毎日少しずつでもさわってあげるといいのかも」。

ナデナデ大好きで、穏やかな性格のデイジーちゃんですが、食事のときは人が変わるのだとか。

「集中力がすごくて、真剣に食べるんですよ。食事の間は、ごはんしか見えてないみたいです（笑）」。

ごはんは、ハリネズミ専用フードを何種類かブレンドしてあげています。偏食しやすいため「昨日はこのフードを多くしたから、今日は少なめにしよう」など毎日混ぜる割合を変えてあげているそうです。

ごはんの後のくつろぎタイムは川手さんとソファの上で。気持ちがいいのか、すぐに寝てしまいます

ソファと背中の間にもぐり込んで遊ぶデイジーちゃん。何度も往復します

やさしく接することで生まれた信頼関係

川手さんに対して、かじったり針を立てることはないというデイジーちゃん。機嫌が悪いときは無理にさわらないようにしているそうですが、逆に寝起きなどは川手さんがさわってにおいがわかると安心して機嫌が直ります。

決して嫌がるようなことはしない、穏やかな暮らしだからこそ、強い信頼関係が築けたのでしょう。

「うちの子はかなりマイペースですけど、ハリネズミはトゲトゲしているのにかわいいのが、まさにツンデレって感じで魅力的なのかもしれませんね」。

デイジーちゃんは革製品に興味津々。革のカバンやスリッパを見つけるとかじります。ときには、唾液塗りも。「泡を出すのは下手みたいです。まだ修行中なのかもしれません」

いつものルートでパトロール中です！

家の間取りを理解していて、ケージから出すと、とりあえずひとまわり探検をします

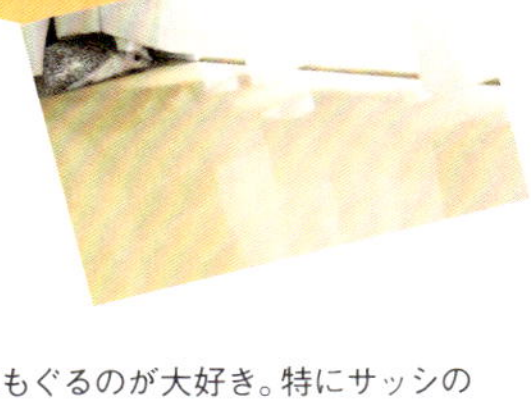

カーテンの下にもぐるのが大好き。特にサッシのひんやりしたところがお気に入り

column
ハリネズミ
飼いさんに
聞きました
1

おうちの工夫、教えてください

みさこさん

♂ジン、♀シモン、
♀シェリー

衣装ケースを加工して飼育小屋にしています。フタをカットして、金属のラックを結束帯で固定。コード類を通す溝も作って、きちんとフタが閉まるようにしています。

アネモネ ユラリさん

♂ぽんぽこ、♀モコモコ

夏は、暑さ対策として、陶器の蚊取り線香やペット用のひんやりマットを使っています。

モグハの父さん

♀モグハ

回し車でウンチやオシッコをするので、毎朝大変でした。そこで、回し車の下にペットシーツを敷き、シーツを交換するようにしたら、掃除が楽になりました。回し車以外の場所は、コーンリターを敷いています。

イチコマさん

♂はぐり

ケージは、動き回れる大きめのものをと思い、フェレット用のケージを使っています。そこに暗視対応のネットワークカメラを設置。外出時でも、室温やはぐりの様子を把握できるので安心です。普段、人がいると見せない姿が見られて楽しいですよ。

ハリネズミを知ろう

ハリネズミってどんな動物？

ネズミではなくモグラに近い

背中に針を背負った外見や、体を丸めるしぐさなど、ユニークな特徴をもつハリネズミ。表情もかわいらしく、ペットとしても世界中で人気です。

「ネズミ」と名前に付いていますが、げっ歯目（ネズミの仲間・ハムスターやリスなど）ではなく、モグラに近い動物です。以前は「食虫目」として同じ分類でしたが、現在は、ハリネズミはハリネズミ目、モグラはモグラ目に分類されています。

独特な方法で身を守ります

動物が敵から身を守るには、逃げる、隠れる、反撃するなどいろいろな方法がありますが、ハリネズミの場合はとても独特です。ハリネズミを襲おうとする天敵が近寄ってくると、強い不安や恐怖、警戒心を感じたときに見られる「丸まる」という方法で身を守ります。体をぎゅっと丸めて背中の針を立て、全体が針でおおわれたボールのように変身して防御の姿勢をとると、顔や手足もボールの中に隠され、天敵が攻撃できる場所がありません。飼育下でも、慣れていないハリネズミは怖がって丸まりますが、慣れてくると丸まることは少なくなり、なかには無防備に体を伸ばして眠るハリネズミもいます。

野生ハリネズミの暮らし

ハリネズミを飼うときに必ず知ってほしいことのひとつが、「野生ではどんな生活をしているか」ということです。もともとの生態や習性を理解しておけば、ペットのハリネズミにストレスの少ない環境を用意できます。

夜になると活動開始

ハリネズミは夜、活発に活動する夜行性の動物です。野生のハリネズミは夜になると食べ物を探して歩き回ります。あまり活動的なイメージはありませんが、一晩に3～4kmくらい歩くと言われています。そして昼間は巣(木の根の間や岩場のすき間など)で休息をとっています。

大好きなのは虫

ハリネズミは昆虫食の動物で、主に昆虫類やミミズなどの無脊椎動物を食べています。それ以外にも、カエルやトカゲ、鳥の雛や卵、小型哺乳類といった動物質のものを幅広く食べますし、果物やキノコといった植物質のものを食べることもあります。

「おひとりさま」で生活

ハリネズミは、群れや家族を作らず1匹だけで生活をしています(単独性)。交尾のときと子育て中以外にほかのハリネズミと一緒になることはなく、また、ほかのハリネズミと行動範囲が重なることもないと言われています。

暑いときは寝て乗り切る

野生のハリネズミには、厳しい自然を乗り切るための「特技」を持っている種類がいます。特技とは、冬眠と夏眠です。冬眠をするのは寒い地域のハリネズミです。ペットとして飼われているハリネズミはもともと暑い地域に生息しており、野生では夏に「夏眠」をすることが知られています。暑く乾燥した気候で餌となる昆虫類が減り、食べ物が足りなくなってしまうので、眠って過ごし、できるだけエネルギーを使わないようにするのです。

※野生下と飼育下では環境が大きく異なります。飼育下では必ず適切な温度管理をして飼いましょう。

ハリネズミの種類

©BIOS/OASIS

ナミハリネズミ

英名　West European hedgehog
学名　*Erinaceus europaeus*
ハリネズミ属

西ヨーロッパ、中央ヨーロッパに生息。頭胴長23-28cm、体重400-1200g。開けた森林や草深い荒れ地、公園などでみられる。イギリスでは住宅の庭によく姿を見せ、ガーデニングの敵であるナメクジなどを食べてくれる愛すべき存在。冬は冬眠する。特定外来生物であり飼養等は原則、禁止されている。

ヨツユビハリネズミ

英名　Four-toed hedgehog
学名　*Atelerix albiventris*
アフリカハリネズミ属

セネガルから中央アフリカを通りエチオピアに至る地域に生息。頭胴長18-22cm、体重300-500g。低木の茂みやサバンナの草原などに暮らす。ペットとして飼われているのは、このハリネズミとアフリカ北部のアルジェリアハリネズミの交雑種ともいわれている。ピグミーヘッジホッグとも呼ばれる。特定外来生物ではないので飼育の規制はない。

ハリネズミの分類

ハリネズミは、アフリカ、ヨーロッパ、ユーラシア大陸に生息しています。「ハリネズミ目」に分類され、左のような種類がいます。

ハリネズミ亜科

- ハリネズミ属
  - マンシュウハリネズミ
  - ヒトイロハリネズミ
  - ナミハリネズミ
- アフリカハリネズミ属
  - ヨツユビハリネズミ
  - アルジェリアハリネズミ
  - ケープハリネズミ
  - ソマリハリネズミ
- オオミミハリネズミ属
  - オオミミハリネズミ
  - ハードウィケハリネズミ
- Mesechinus属
  - ダウリアハリネズミ
  - モリハリネズミ
- インドハリネズミ属
  - エチオピアハリネズミ
  - ブラントハリネズミ
  - インドハリネズミ

※分類は変わることもあります。

写真提供:埼玉県こども動物自然公園

オオミミハリネズミ

英名　Long-eared hedgehog

学名　*Hemiechinus auritus*

オオミミハリネズミ属

地中海東岸から中央アジアにかけて生息。頭胴長17-30cm、体重240-500g。乾燥した草原などに暮らす。耳が長くて大きいのが特徴で、ミミナガハリネズミとも呼ぶ。ほかの属のハリネズミと異なり、額の部分に針の分け目がない。飼育等に規制はなく、以前はペットショップに並ぶこともあったが、近年はほとんど見かけなくなった。

写真提供:埼玉県こども動物自然公園

ブラントハリネズミ

英名　Brandt's hedgehog

学名　*Paraechinus hypomelas*

インドハリネズミ属

イランからパキスタンにかけての地域に生息。頭胴長20-25cm、体重320-400g。岩の多い乾燥した環境で暮らす。多くの亜種があるが、典型的な種では針は黒い部分が多く、被毛も黒っぽい。針の長さが他のハリネズミより長い。顔には白いバンドはなく、耳が大きい。食料事情のよい場所では、多くの個体がグループを作る。冬眠や夏眠をする。

エチオピアハリネズミ

英名　Desert hedgehog

学名　*Paraechinus aethiopicus*

インドハリネズミ属

アフリカの地中海沿岸とアラビア半島に生息。頭胴長140-230mm、体重400-700g。気温が高く乾燥した砂漠地帯や、オアシス、植物の生えた海岸にも暮らす。鼻先から目にかけての被毛は黒っぽく、額は明るい色の被毛をしている。飼育に規制はないが、ペットとしての流通ルートには乗っていない種類。

マンシュウハリネズミ(アムールハリネズミ)

英名　Manchurian hedgehog

学名　*Erinaceus amurensis*

ハリネズミ属

中国東部～北東部、朝鮮半島に生息。頭胴長24-28cm、体重468-920g。森林、草原、耕作地などさまざまな場所で暮らす。ナミハリネズミよりも針の色が明るい。本来日本に生息しない動物だが、静岡県、神奈川県などに定着している。特定外来生物であり飼養等は原則、禁止されている。

ヨツユビハリネズミのカラー

スタンダード

ソルト＆ペッパー（塩＆胡椒）とも呼ばれる。白い針に黒いバンド（帯状に色が異なる部分）がある。

ブラウン

針は白く、明るいオークブラウンのバンドがある。鼻はチョコレート色。

シナモン

白い針に、明るいシナモンブラウンのバンドがある。鼻は茶色がかかったピンク。

シニコット

白い針に、シナモン色のバンドがある。写真は、目が濃いルビーをしたシニコット・ルビーアイ。

アルビノ

色素をもたず、すべてが白い針、ピンクの鼻と赤い目をもつ。

針のカラーがポイント

カラーバリエーションはとても多く、92種類あるとも言われています。普通、動物のカラーバリエーションは「被毛」の色ですが、ハリネズミの場合は「針」の色が大きなポイント。パイド、スプリッドなどの特徴が出る個体もあります。

パイド

白いぶち模様のことで、どのカラーにもあらわれる可能性がある。

スプリット

顔のカラーや鼻の色が左右で違うこと。

ハリネズミに似ている動物

ハリネズミとヤマアラシ、どこが違う?

「針がある動物」といえばハリネズミ?　ヤマアラシ?　どちらも背中に針が生えている夜行性の哺乳類ですが、実はまったく違う暮らしぶりをしています。

そもそもハリネズミとヤマアラシでは種類が異なり、ヤマアラシはげっ歯目。分類上はモルモットの仲間です。ハリネズミは大きくても体重1kgくらいですが(ナミハリネズミ)、ヤマアラシのなかには30kgになるものもいます(ケープタテガミヤマアラシ)。

食べているものは、ハリネズミは昆虫などを食べる肉食系で、ヤマアラシは植物を食べる草食系。ハリネズミは地面の上で暮らしていますが、ヤマアラシの中には木の上で暮らす種類もいます。

おもしろいのは、危険が迫ったときの針の使い方です。ハリネズミの作戦はひたすら「防御」。しっかりと体を丸めて針を立てて身を守ります。一方、ヤマアラシ(ケープタテガミヤマアラシ)の作戦はけっこう攻撃的です。針を逆立てて威嚇しながら後ろ向きに敵に突進し、敵の体に針を突き刺すのです。針はヤマアラシの体から簡単に抜けて敵の体に刺さります。犬に針がたくさん刺さった姿が話題になることがありますが、あの犯人はヤマアラシ。日本には生息しておらず、うっかり遭遇することはないのでご安心を(多くの動物園では飼育されています)。

カナダヤマアラシ
写真提供:埼玉県こども動物自然公園

ヒメハリテンレック
写真提供：埼玉県こども動物自然公園

ハリネズミとヒメハリテンレック、どこが違う？

ペットとして飼われる小動物の中に、ハリネズミに似ている種類がいます。ヒメハリテンレックです。従来の分類ではハリネズミと同じ食虫目の仲間です（新しい分類ではアフリカトガリネズミ目）。

背中に針が生えた姿はハリネズミにそっくりですが、体重は80～90gと小さく、ゴールデンハムスター程度の大きさです。ヒメハリテンレックの不思議なところは、その体温です。ハリネズミの体温は35.4～37℃で、ウサギやフェレット（39℃ほど）と比べるとけっこう低いのですが、ヒメハリテンレックはもっと低く、活動中でも30～35℃。休息しているときには周囲の気温近くまで体温が下がるという、不思議な体のしくみをもっているのです。また、前足で器用に顔のグルーミングをするところなどはちょっとネズミの仲間に似ています。これはハリネズミにはなかなかできない芸当です。

ハリネズミの体

針

毛や爪と同じケラチン質でできています。針の内部は空洞で、いくつもの小部屋に仕切られているため、軽くて丈夫です。針の本数は、ナミハリネズミは7000本ともいわれます。また、オオミミハリネズミ属以外は、頭頂部に針の分け目があります。

しっぽ

目立たないながらも、短いしっぽがあります。

排泄物

尿は薄い黄色、便はこげ茶色でバナナのような形です。

被毛

針が生えているのは背中だけ。額、脇腹や腹部には毛が密生し、口から目にかけての顔面、手足にはうっすらと毛が生えています。

丸まるしくみ

針が生えている部分の縁には、体を一周するように「輪筋」という筋肉があります。体を丸めるときには輪筋を縮め（きんちゃく袋の口を締めるところを想像してみてください）、それと同時に頭とお尻を内側に引き込む筋肉も働くので、体全体がすっぽりと隠れるのです。

目

つぶらな黒い瞳。アルビノなどの淡い毛色では赤やルビー色です。視力はあまりよくありません。色は見分けられずモノクロの世界を見ていると言われています。

耳

聴覚がとても優れていて、広い音域の音を聞き分けています。

ひげ

狭い場所では、触覚器官であるひげを使って周囲の状況を判断します。

鼻

鼻先は湿っぽく、鼻の穴は上を向いています。においをかぎわける能力が優れています。

歯

全部で36本の歯があります。上の前歯は前方に突き出して生えていて、すき間が開いています。げっ歯目ではないので、歯は伸び続けません。

四肢

長い距離を歩き回れる丈夫な四肢ですが、前足でものをつかむようなことはできません。ペットのハリネズミ（ヨツユビハリネズミ）は前足に5本、後ろ足に4本の指があります（ナミハリネズミは5本ずつ）。

オス・メスの見分け方

オスとメスを区別するときは、下腹部を見て肛門と生殖器の間隔を確認します。

オス
ハムスターなどでは大きく目立つ陰嚢（いわゆるタマタマ）は、ハリネズミの場合にはお腹の中に収まっているので目立ちません。肛門から離れた、お腹の中心近くに生殖器があります。

メス
生殖器は肛門のすぐ近くにあります。

ハリネズミの成長

生まれてから離乳まで

ハリネズミは平均35日ほどの妊娠期間を経て、一度に3～4匹の子どもを産みます。

ハリネズミの背中にはたくさん針がありますが、生まれてくるときに母親の体を傷つけたりしないのでしょうか。実は、赤ちゃんハリネズミにもすでに100本ほどの針はあるのですが、体液で満たされた皮膚の下に隠れています。そして誕生後1時間もすると針が皮膚の下から現れ、1日で生えそろいます。

生まれたばかりのハリネズミは、目も耳の穴も開いておらず、針以外の体毛も生えそろっていません。それらに比べると身を守るために重要な針の成長は早く、最初は柔らかかった針は生後2日目には硬くなってきて、1週間もたつと、体を丸めることができるようになってきます。

生後3週くらいになると、母親の食べている食事にも興味を示すようになり、生後6～8週くらいで離乳します。

寿命は数年

オスは生後6～8カ月、メスは生後2～6カ月ほどで性成熟し、大人になっていきます。繁殖させるならメスは生後1年半までに出産を経験させておかないと難産になると言われています。

寿命は平均4～6歳。しかし8～10歳というデータもあります。今後、飼育方法や獣医療が向上し、健康で長生きできるハリネズミが増え、平均寿命が伸びることを期待しましょう。

生後9日目、まだまだお母さんや兄弟と一緒に過ごしています

※赤ちゃんハリネズミの飼育についてはP.67を参照。

誕生

1回の出産で、平均3〜4匹の赤ちゃんが産まれます。生まれた赤ちゃんの大きさは体長2.5cm、体重10〜18gほどです。

生後2日目

…針の成長

生まれるとすぐ、皮膚の下に隠れていた針が姿を現し、丸1日で生えそろいます。2日目には、針の長さは4.9〜5.5mmくらいになります。

生後2週目

…防御の行動

まだ目も開いていませんが、体をしっかりと丸めたり、シューシューと威嚇する、唾液塗りをするといった行動ができるようになります。

生後14日

…目が開く

目が開き、ふさがっていた耳の穴も開くのは生後14日〜18日頃です。生後17日頃には体毛が生えてきます。

生後18日

…歯が生える

乳歯が生えてくるのは生後18日頃です。9週までにはすべての乳歯が生えそろい、永久歯は7週くらいから生え始めて、徐々に乳歯と置き換わります。

生後6週まで

…大人の針になる

ハリネズミの針には、生まれたときの針、2〜3週頃までの針、大人の針、と3つの段階があります。生後6週くらいまでには、大人の針に生え変わります。

生後6〜8週

…離乳

母乳を飲まなくなり、固形の食事をしっかりと食べられるようになれば離乳です。母親から独立し、1匹ずつで生活できるようになります。

生後6カ月

…性成熟

オスは生後6〜8カ月、メスは生後2〜6カ月ほどで性成熟し、子どもを作れるようになります。オスの性成熟はもっと早いこともあるので、離乳したあとの子どもたちをいつまでも一緒にしていると繁殖活動してしまうことがあります。

3〜4歳

…老いへの対策

個体差はありますが、そろそろ老化現象がみられる年齢になってきます。健康チェックをこまめに行ったり、健康診断の頻度を増やすといい時期です。

ハリネズミがよくするしぐさ

針を寝かせている

針が寝ているのは、ハリネズミが落ち着いているとき。素手で背中をなでることもできます。

頭の針を立てる

ハリネズミが針を立てるのは、不安や恐怖を感じたとき、警戒しているとき、怒っているときなどです。警戒レベルが低いときには、頭部の針だけを逆立てます。針の根本にある筋肉が、体を丸めようとして収縮するので、針が前に向かって突き出されるのです。まるで頭突きのようにも見えますし、

気持ちが落ち着いているときは、頭から背中、おしりに向かって、針が寝ています

警戒や恐怖の程度によって、針の立て方にも段階があるよう。写真は右から左へ、警戒レベルが上がっていきます

実際に頭突きしてくることもあります。

全身の針を立てる

警戒レベルが高くなってくると、全身の針を立てます。針の根本にある筋肉を収縮すると、針はあちこちを向いて立ち、ハリネズミの身を守ります。

完全に丸くなる

強い力で体を丸め、完全な防御姿勢になるのは、警戒レベルが最大のときです。眠るときに体を丸めることもありますが、警戒状態のときは全身の針が立ち、シューシューと警戒の鳴き声をあげたりします。

唾液塗り

今までに遭遇したことのないものに出会うと、ハリネズミはそれを舐めたりかじったりしたあと、口の中で唾液を泡状にして、長い舌で背中や脇腹の針に塗りつけます。

ハリネズミはヘビやカエルなどの動物毒に耐性があるので、それを自分の身を守るために利用しようとして毒性物質と唾液を混ぜて体に塗っていて、その行動が飼育下でもみられるのではないか、また、体を周囲と同じにおいにするためなど、諸説がありますが、理由ははっきりわかっていません。

体をねじるようにして泡を塗っている姿は異常にも見えますが、正常なハリネズミの行動です

体を掻く

ダニなどの寄生虫がいるために頻繁に体を掻くこともありますが（そういうときはすぐに病院へ！）、健康なハリネズミも体を掻いたり舐めたりしてグルーミングします。

後ろ足で背中を掻く姿はちょっとユニークです

お布団の
スキマ大好き!

狭いところにもぐりこむ

ハリネズミは狭いところや暗い場所を好みます。野生のハリネズミは自分で巣穴を掘ったりしませんが、自然にできた隠れられる場所、たとえば朽ちた丸太の下、シロアリ塚の中などを巣にする習性があるので、もぐりこめる場所に安心するのです。

暗いのが
落ち着きます

飼育下でも、ケージの寝袋の中や室内の物陰など、少しでも狭いところ、暗いところにもぐりたがります

チラッ

ハリネズミと人の関わり

古代までさかのぼる長い関係

野生のハリネズミが生息する地域では、古来よりおなじみの動物。背中に針が生えているという不思議な風貌に、古代の人々も興味津々だったようです。古代ローマの博物学者プリニウスは著書『博物誌』の中で、ハリネズミは冬の準備のため落ちた果物の上に寝転がって針に刺して運ぶ、と書いています。もちろんそんなことはしませんが、こうした誤解からハリネズミは人の魂や信仰心をさらう悪魔と称されることもありました。

節分の頃の海外ニュースで報道される「グラウンドホッグデー」をごぞんじの方もいると思います。毎年2月2日にアメリカ各地で行われるイベントで、冬眠していたウッドチャックが巣穴から出てきたときの様子で春の訪れを占うというものです。実はこの占い、本来は古代ヨーロッパでナミハリネズミを使って行われていたのです。ヨーロッパから渡った人々がアメリカでもこの占いを継続しましたが、アメリカ大陸にはハリネズミがいないためにウッドチャックが使われるようになったというわけです。

野生のハリネズミとの関係

現在のヨーロッパでもハリネズミは人気者です。ガーデニングが盛んなイギリスでは、植物の天敵であるナメクジなどを食べてくれる野生のナミハリネズミは、とても親しまれている存在です。人々もハリネズミのために冬眠用の小屋を用意したり、交通事故で親を亡くした子ハリネズミを保護して育てるなど、もちつもたれつのよい関係ができあがっています。

column
ハリネズミ
飼いさんに
聞きました
2

ごはんは何をあげていますか？

アネモネユラリさん

♂ぽんぽこ、♀モコモコ

毎日:キャットフードにハリネズミフードを混ぜたものを5〜11g(ふやかして)、ミールワーム成虫(ゴミムシダマシ)4匹
ときどき:リンゴ、ゆでた肉、ゼリー
元気がないときや食欲がないときは、猫用ミルクをあげています。

さほさん

♀まる、♀ひの

毎日:鶏ひき肉10g、缶詰コオロギ3匹、ハリネズミフード少量
隔日:ミールワーム(成虫含む)
ときどき:小動物用ゼリー、ヤギミルク
とにかく虫が好きで、めちゃくちゃ食いつきがいい。かわいい激しい食べ方が見られるし、食べたあとの「もうないの？」という顔もかわいすぎます。虫は抵抗があるかもしれませんが、おすすめです。

Sayaさん

♂ウニ

毎日:キャットフード8g、ハリネズミフード2g
好きなもの:ゆでたささみ、リンゴ、ゆで卵、コオロギ
ごはんの時間になると、照明がついていて明るくても、小屋から出て、ごはんが置かれるのを待ってそわそわ。催促するようにじっと見つめてきます。とにかく食い意地がすごい。

イチコマさん

♂はぐり

毎日:ハリネズミフード
週1〜2回:ミールワーム数匹、ゆでたささみ
ときどき:フェレットフード、キャットフード
フェレットフードが大好き。好きなものから食べるタイプらしく、小屋から出るとすぐにフェレットフードに向かいます。

ぽたほくさん

♀ミモザ、♀わたあめ、
♀りんごあめ、♂ダンデリオン

毎日:フード8〜18g、ミールワーム成虫(ゴミムシダマシ)5~10匹、ミールワーム5匹(もしくはジャンボミールワーム1匹)
ときどき:カッテージチーズ(手作り)、ミックスベジタブル、ピンクマウス、ヒナウズラ
フードはブレンドして使用、食べる量には個体差があります。

ree.

manmaru

まんまる ハリネズミ

manmaru

まんまる ハリネズミ

上から見ても…

toge toge
brothers

前から見ても…

column
ハリネズミ
飼いさんに
聞きました
3

かわいいエピソード聞かせてください

モグハの父さん

♀モグハ

家族で円になって座り、真ん中にモグハを置いて、一斉に名前を呼びます。すると、いつもお世話をしている小学生の長男のところに一目散にもぐりに行きます。モグハの向きを変えても、長男のところへ。かわいがってくれている人の声やにおいがわかるようです。

さほさん

♀まる、♀ひの

別々に飼い始めた2匹ですが、様子を見ながら一緒にしてみたら、2匹でおしりを並べて眠るようになりました。成長して寝袋が狭くなった今でも一緒に寝ようとしますが、まるが追い出されています。

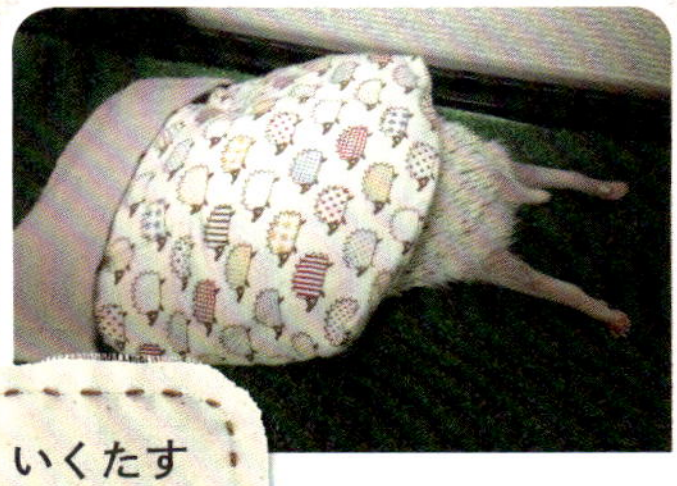

いくたすさん

♀しろ、♀ちょこ

寝袋をお布団のようにかけて寝ているのを見たときは、すごくほっこりしました。しかも寝相が…。

E.Kさん

♀ハリノ

来客の際、ハリノさんをお客さんの前に出すと、警戒して床に伏せたり、抱っこしようとすると丸まったりしてしまいます。私がハリノさんの顔の前に手を出すと、寄ってきてにおいをかいだり手を舐めて手のひらに登ってきたりするので、人見知りするところも余計にかわいく感じます。

yoshikoさん

♀楓、♂檜

楓は寝袋に入って、内側の布を使って入り口から見えないようにフタをして寝ています。一方、檜は、寝袋の内側の布を引っ張り出して大きな布にして、その下にもぐり込んで寝ています。2匹飼ってみて実感した個性。寝方ひとつでもあまりにも違うので、かわいく感じました。

ハリネズミ飼いへの道

～入門編～

ハリネズミを飼う前に

終生飼養は飼い主さんの義務

ハリネズミは、私たちの生活にたくさんの喜びを届けてくれる存在です。ハリネズミも飼い主さんも、ともに幸せに暮らせるよう、飼い始める前にいくつかのことを考えておきましょう。

ハリネズミに限らずどんな動物でも一緒ですが、飼い始めたら最後まで責任をもって飼い続けてください（終生飼養）。これは、動物愛護管理法（動物の愛護及び管理に関する法律）でも決められている飼い主の義務です。

時間とお金の負担を考えて

動物を飼えば、毎日の世話が欠かせません。食事の用意、トイレ掃除、健康チェックなどを、忙しいときであっても行わなくてはなりません。世話にかかる時間だけでなく、飼育にはお金も必要です。温度管理のための冷暖房代がかかりますし、病気になったときには高額な医療費が必要なこともあります。

家族の同意も得ておきましょう。世話は自分がするから、という場合でも、家を留守にするとき、病気のときなどには世話を頼むでしょうし、動物によりよい環境を用意するためにも、家族の理解は欠かせません。

動物病院を探しておく

ハリネズミは、ペットのなかでは特殊な存在です。ペットとして長い歴史のある犬や猫を迎えるのとは違う心構えが必要です。

ハリネズミを飼いたいと思ったら最初にやってほしいのは、動物病院を探すことです。ハリネズミを診てもらえる病院は、残念ながらとても少ないのです。病気になってから慌てるのではなく、あらかじめ探しておきましょう。これはとても大切なことです。

また、旅行や出張、入院などのときに世話を頼める人はいるでしょうか。いなければペットホテルやペットシッターを探すことになりますが、ハリネズミを安心して頼めるところはまだ多くはありません。

ハリネズミならではの飼育方法

良質なハリネズミ用フードはありますが、食欲がないとき、精神面で満足させたいときなどは、たとえ飼い主さんが虫が苦手だとしても、昆虫などを与えなくてはなりません。

また、警戒心の強い動物なので、個体差はありますが、慣れるまでに時間がかかることもあります。愛情と忍耐強さも必要です。

夜行性なのでコミュニケーションは夜しかとれない、温度管理が必要など、ハリネズミならではの飼育上の注意点をあらかじめ知っておきましょう。

守ってほしいこと

ハリネズミの仲間のなかには「特定外来生物」※に指定され、飼育できなくなった種類もいます。ペットとして飼われているヨツユビハリネズミは飼育可能な種類ですが、無責任に野山に捨てたりするような人が増えると、いつかすべてのハリネズミが飼えなくなってしまうかもしれません。

なにがあっても絶対に捨てたりせず、生涯を飼い主さんの愛情のもとで暮らさせてあげてください。

※「特定外来生物」…外来生物法により、許可がなければ輸入や飼育、栽培はできず、野外に放したり植えたりすること、また許可なく譲渡や販売することが禁止された動物や植物のこと。

基本の飼育グッズ

まず必要なのはこれ

飼育ケージ

小動物用のプラケースや金網ケージ、衣装ケースなど。トイレや寝床などを置いても十分なスペースがあるサイズを選びましょう。底面積60×90cm程度が理想。

寝床

隠れ家や休息場所として、寝袋や巣箱、シェルターを用意します。広さに余裕があれば、タイプの異なるものを複数置いても OK。季節によって変えてもよいでしょう。

トイレ＆トイレ砂

トイレ容器はウサギ用やフェレット用の小型のものを。トイレ砂は濡れても固まらないタイプがいいでしょう。　写真提供：三晃商会

床材

ウッドチップ（ポプラなど広葉樹）、牧草（カットタイプ）など。ペットシーツは、かじったり爪を引っかけたりしないなら使用できます。

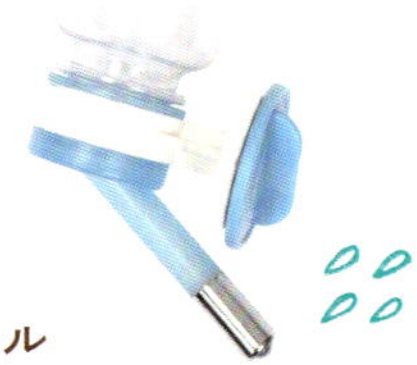

給水ボトル

衛生面から、飲み水は給水ボトルで与えるのがベスト。使ってくれないときは食器で与えますが、水が汚れやすいのでこまめに交換しましょう。

食器

重みがあって安定性のある陶器製やステンレス製がおすすめ。ある程度の深さは必要ですが、食べにくくないか確認を。

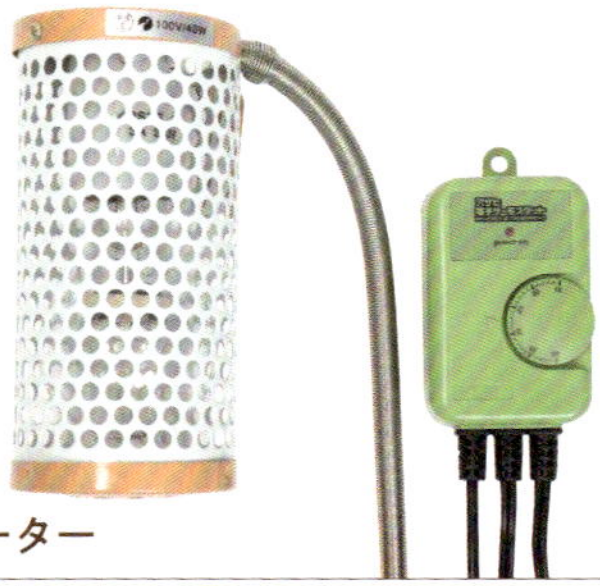

ヒーター

冬場にはペットヒーター類を用意。サーモスタットとあわせて使用すると便利。

涼感ボード

夏場には大理石やテラコッタ、アルミなどの涼感ボードで温度管理を。　写真提供：三晃商会

おもちゃや
お手入れ道具で
快適に

トンネル

トンネルやチューブなどは、もぐりこむ、隠れるなど、ハリネズミのいろいろな行動を引き出してくれます。

回し車

限られたスペースでの運動や楽しい刺激のために。直径30cmほどを目安にしましょう。

キャリーバッグ

通院などの移動時や、掃除のために一時的に移しておくときなどに。プラケースか、ウサギやフェレット用で小さめのもの、ハムスター用で大きめのものを。

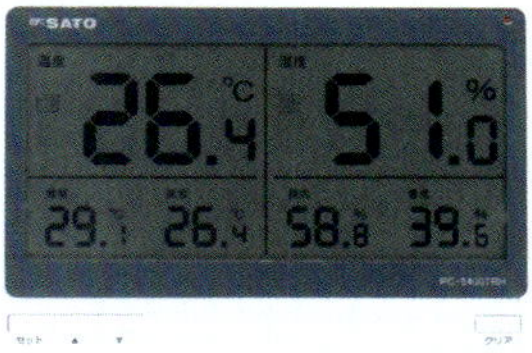

温度&湿度計

温度管理は感覚だけでなく数値でもチェックしましょう。最高最低温度計が便利です。

トンネルなどは、ハリネズミが楽に出入りできる直径のもので、あまり長すぎないものにしましょう

体重は定期的に計って記録しておきましょう。ハリネズミがちょうど入る容器を使うと計測しやすいです

体重計

健康管理のために。最大計量1～2kgのデジタルキッチンスケールがおすすめ。

手袋

人に慣れていないハリネズミを持つときのために薄手の革手袋を用意しておきましょう。

ピンセット

ミールワームなどを与えるとき、素手でさわりたくない場合には割り箸やピンセットがあると便利です。

爪切り

爪を切るときには使いやすい小動物用の爪切りを用意します。はさみタイプやギロチンタイプなどがあります。

おうちに適した環境

落ち着いて暮らせる場所に

ケージはハリネズミが快適に過ごせる場所に置きましょう。窓際や出入口の近くなどの、温度差が大きい場所・落ち着かない場所は避けるようにします。人の生活する部屋にケージを置くなら、多少のテレビの音や人の話し声、足音などの物音がするのはしかたのないこと。そうした環境にハリネズミを慣らすことも必要ですが、テレビやステレオのスピーカーのすぐ近くなど、騒音や振動が大きい場所は避けてください。

適切な温度管理ができる環境を

ハリネズミは、暑すぎるのも寒すぎるのも苦手な動物です。ハリネズミを飼うなら、夏も冬も温度管理が必要です。冬場はペットヒーターを使用すれば、ケージの周囲やケージ内だけ暖めることができます。また、日本のほとんどの地域では、夏の温度管理は冷房が欠かせません。エアコンのある部屋での飼育が必須です。ただし、エアコンからの送風が直撃しない場所に飼育ケージを置くようにしてください。

快適な温度・湿度は…

●温度
23〜32℃（最適は24〜29℃）

●湿度
40％まで

ケージを置くときの注意

こんな場所には置かないで

× スピーカーの近く

× 振動が激しい場所

× 直射日光が当たる場所

× エアコンが直撃する場所

おうちのレイアウト例

給水ボトル

飲みやすい位置、高さに取り付ける。
水がきちんと出ているかを確認する。

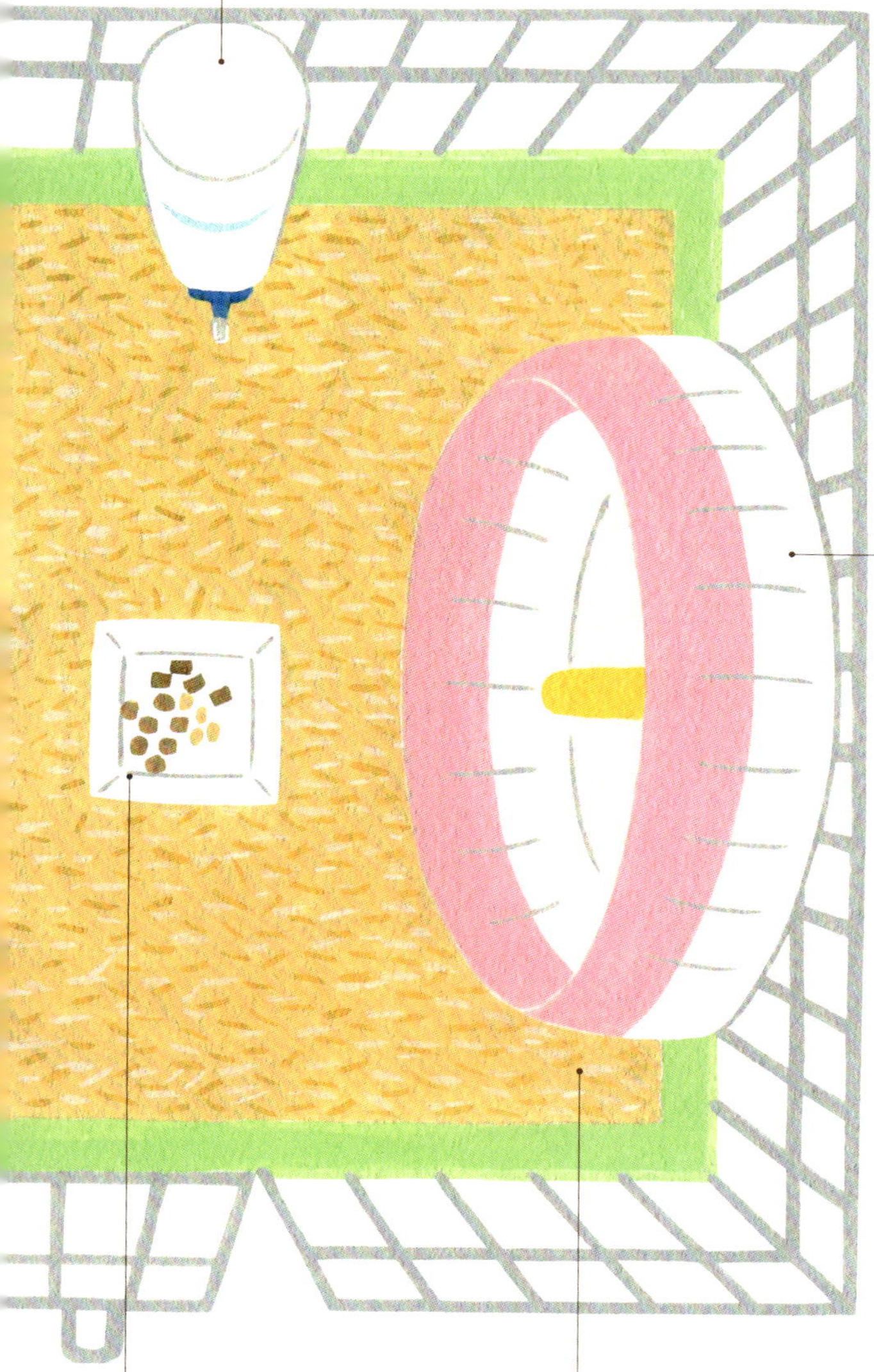

回し車

安定性のいい場所に設置。ケージとの間にハリネズミがはさまるようなすき間を作らないようにする。

ごはん

トイレから離れたところに。

ケージの底

底網がある場合は、足を引っかける危険があるので外す。
床材を2cm程度の厚みで敷き詰める。

寝床

ケージの隅に設置する。
側面に扉があるケージの場合は
扉から離れた場所に。

温度＆湿度計

できるだけハリネズミが
実際に生活している場所
の近くに。

トイレ

ケージの隅に設置する。
別の場所に排泄するなら、そこにトイレを移す。

ハリネズミのごはん

主食はハリネズミフード

ハリネズミには、ハリネズミ用フードを与えます。家庭のハリネズミに野生と同じ食事を提供するのは難しいことです。近年は安心して与えられるハリネズミフードも増えてきたので、それらを主食としましょう。動物性たんぱく質を十分に含むものを選んでください(30%前後が目安)。

ハリネズミの専用フードにもいろいろな種類があります

子どものハリネズミにはフードをふやかして与えてください。大人の場合にはそのままでもいいですが、上顎や歯の間にはさまることがあるので、ふやかして与えてもいいでしょう。

メインとなるフード以外のフードにも慣らすようにしておくと、万が一、メインのフードが手に入らなくなったときに助かります。災害などで流通が滞り、ハリネズミフードが手に入りにくくなる可能性も考えると、手に入りやすいキャットフード(ライトタイプ)にも慣らしておくと安心です。

副食に動物質を

主食のほかに、動物質の食べ物を副食として与えましょう。食事のバリエーションを増やしたり、嗜好性の高いもので食欲を増進させるなどの目的があります。

1日のごはん例

主食　ふやかしたハリネズミフード　大さじ1～2杯
副食　動物質のもの　小さじ1～2杯
生き餌　少々
野菜や果物　小さじ半分程度

大人のハリネズミのごはんの一例です。これを目安に、体格などを見ながら加減し、適量を見つけてください。夜に1回か、2回に分けて与えましょう。なお、成長期のハリネズミには良質な主食を十分に与えてください。

生き餌のメリット

ハリネズミには、ぜひ生き餌を食べさせてあげてください。良質なフードならそれだけでも栄養面では十分ですが、本来食べているものに近いものを食べることで、精神的に満足させることができます。嗜好性も高いので、食欲がないときにもおすすめできます。

副食の種類としては、ミールワーム、コオロギ、ミミズ（アカミミズ、ドバミミズ）などの生き餌や、ピンクマウス、ゴートミルクなどがあります。また、ゆで卵やカッテージチーズ、ゆでたささみ・レバー・ハツなどもいいでしょう。

その他の食べ物

野菜や果物もメニューに加えるといいでしょう。繊維質はハリネズミにも大切です。ただし、主食はあくまでも高タンパクな動物質の食べ物です。野菜や果物ばかりでは栄養不足ですし、果物を与えすぎると肥満の原因になるので、少しだけにしておきましょう。

与えてはいけないもの

- **野菜**:ジャガイモの芽には毒性があります。ネギ類やニンニクも与えてはいけません。
- **果物**:アボカドは動物にはNGです。モモやビワなどの種子にも毒性があります。
- **乳製品**:牛乳などは下痢をする可能性があるので、与えないほうがいいでしょう。
- **チョコレート**:中毒を起こします。人のためのお菓子は肥満の原因でもあります。
- **人の食事・飲み物**:味をつけて調理したものやコーヒー、アルコール類は禁物です。
- **傷んだもの**:カビがはえたり傷んだものはNGです。ハリネズミには新鮮なものを。
- **熱すぎ・冷たすぎ**:加熱したものは冷めてから、冷凍したものは常温にしてから。
- **毒性のある生き餌**:生き餌のうち、シマミミズには毒性のある成分が含まれています。

購入方法と選び方

ペットショップで購入する

ハリネズミはペットショップで購入するのが一般的です。用品やフードを同時に購入することができますし、スタッフに詳しく説明してもらうこともできます。

ハリネズミがいるショップを見つけたら、衛生的か、適切な環境か、また、ハリネズミをやさしく扱っているかをチェックしましょう。売っているハリネズミの週齢も確認してください。生後6週〜8週以降が適切な時期です。

ショップには、販売時にその動物についての詳しい説明を口頭と文書で行い、顧客の署名をもらう義務がありますから、購入時には必ず確認してください。

ブリーダーから購入する

ハリネズミは多くが輸入ですが、国内にも少数ながらハリネズミのブリーダーが存在しています。ブリーダーが直接、販売しているか、ペットショップに卸しています（ブリーダーが販売するときでも、説明義務があります）。

よいブリーダーから購入するなら多くのメリットがあります。離乳まで母親や兄弟たちと一緒に過ごしているので、しっかり母乳を飲み、十分なスキンシップがとれています。こうした環境は、ハリネズミを心身ともに健康に育ててくれます。親がわかるので、性質、遺伝性疾患、カラーなどの情報を知ることもできます。一度は見学をし、直接話を聞いてからブリーダーを選ぶといいでしょう。

⚠ ネット販売での購入について

動物の販売時には対面説明・現物確認が義務づけられています。たとえネット販売であっても、直接、販売者から説明を受け、購入する個体を実際に確認しなくてはなりません。ネット上だけのやりとりで動物を購入することはできません。

個体の選び方

まずは1匹を大切に飼うことから始めましょう。どんなハリネズミを選んだらいいのか、ポイントをご紹介します。

●性別

繁殖生理や生殖器のしくみを除いては、オスとメスとの違いはそれほど大きくありません。性別差よりも個体差のほうが大きいので、健康状態や性質などを見て選ぶのがいいでしょう。

●年齢

若いほうが目新しいものを受け入れやすいので、より人に慣れやすいという傾向はあります。ただし幼ければそれだけ体力もなく、飼育環境には細心の注意が必要です。少なくとも生後6～8週くらいたっている子どもを選びましょう。大人から飼い始めると慣れるのに時間がかかることが多いですが、少しずつでも慣らす必要はあります。

●性質

ハリネズミは基本的に、警戒心が強くて怖がりです。ペットショップでケージに手を入れたら、警戒して針を立てたり丸くなったりするのは普通のこと。ショップのスタッフが扱っているときの様子などを見て、できるだけ好奇心があって人慣れしている個体を選ぶといいでしょう。

●健康状態

ショップスタッフに声をかけて、一緒に健康チェックをしてもらいましょう（チェックすべきポイントはP66参照）。活発な様子を見るには、活動時間である夕方以降にショップに行くといいでしょう。

ひとつのケージに複数のハリネズミがいるときは、ほしいと思う個体以外の健康状態も見てください。感染性の病気やダニなどがいると感染しているおそれがあります。

健康チェックポイント

購入時に、ショップスタッフに一緒にチェックしてもらいましょう。

□目　目やにが出ていない、生き生きと輝いている

□鼻　鼻水が出ていない（鼻が湿っているのは健康です）

□耳　傷がない、中が汚れていない

□歯　折れていない、汚れていない

□手足　傷がない、指や爪は揃っている（ヨツユビハリネズミの指は前が5本、後ろが4本）

□針・被毛　針が抜け落ちていたり脱毛していない、フケが出ていない

□お尻　肛門や生殖器のまわりが汚れていない

□便　下痢をしていない

□行動　足を引きずったりふらついていない、好奇心がある、活発に動いている

□体重　手に持ったときに、体の大きさに見合った重みがある

幼いハリネズミを迎えたとき

ハリネズミを購入するときは、しっかりと離乳した生後2カ月以降の子を選ぶことを強くおすすめします。ところが、本来ならまだ授乳中である、生後2週間ほどのハリネズミが売られていることがあります。もしこのような幼い子を迎えたときは、「人工保育」の心がまえが必要です。次の点に注意して世話をしてください。

生後18日の赤ちゃんハリネズミ

赤ちゃんハリネズミのお世話

●ミルクを与える

ゴート(山羊)ミルクか犬猫用ペットミルクを用意します。最初は規定濃度より薄めに作り、徐々に規定濃度にしていきましょう。必ず人肌程度のものを与えます。

飲ませるときは、針なしシリンジやスポイト、フードポンプを使います。気管にミルクが入らないように注意しながら少しずつ飲ませましょう。なるべく体が垂直になるようにハリネズミを支えてください。

生後2〜3週くらいのハリネズミなら、およそ4時間おきに飲みたがるだけ与え、4週くらいになったら、ゴートミルクでふやかしたフードなどを与え始めます。

●温度管理を行う

幼いハリネズミに適した温度は、28〜29℃です。プラケースの底にフリースを厚めに敷いて寝床を作り、プラケースの下にペットヒーターを置いて間接的に暖めます。脱水症状を避けるため、必要に応じてプラケースの隅に濡らしてから固く絞った布を置くなどの対策をとりましょう。

●そのほかのケア

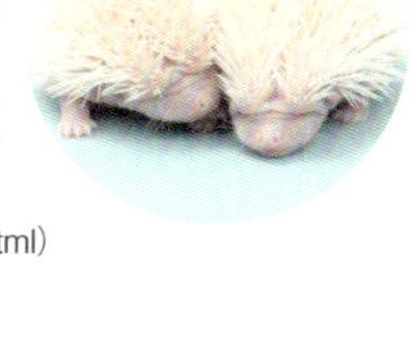

自力排泄できないほど幼いハリネズミなら、ミルクを与えたあとで、ぬるま湯にひたしたコットンや綿棒を使って肛門や排泄口の周囲をやさしくマッサージしてください。

体重測定は毎日行い、記録しましょう。1日の体重増加の目安は、生後2週目で3〜4g、3〜4週目で45gほどです。

参考資料:「Hari Navi」人工保育の方法(http://navi.harinezumi.org/3-jinnkouhoiku.html)

ハリネズミ質問箱

ハリネズミ飼育の素朴なギモン、お答えします。

Q1. ハリネズミを飼うなら、1匹がいい？複数がいい？

A1. 複数飼うときはケージを分けましょう。

ハリネズミは野生では単独で生活する動物です。複数のハリネズミを飼うなら、ケンカにならないよう1匹ごとにケージを分けましょう。ハリネズミを初めて飼う方には、きちんと飼育管理ができるよう1匹から始めることをおすすめします。最初から一緒に暮らしている兄弟のハリネズミやメス同士など、一緒のスペースでもケンカになりにくいケースもありますが、排泄、食事量のチェックがしにくいので健康管理が難しくなります。オスとメスを一緒にしていれば妊娠することもあります。

すでにハリネズミを飼っている家庭に新たなハリネズミを迎えるときは、そのハリネズミが感染症やダニなどをもっていないか確認しましょう。しばらくの間は離れたところにケージを置き、様子を見てください。

Q2. 犬や猫など、他の動物と一緒に飼ってもいいの？

A2. 基本的には、別にすることが望ましいです。

ハリネズミと犬や猫が一緒にいる映像を見ることもありますが、ハリネズミにとって犬や猫、フェレットのような肉食動物は本来、天敵のような存在なのだということを理解してください。犬や猫が攻撃的でなく、危害を加えられることがないとわかれば問題なく一緒にいることもありますが、わざわざ一緒にする必要もありません。

ハリネズミは捕食動物という立場でもあります。野生では小型哺乳類や爬虫類、雛なども食べる動物ですから、ハムスターや小鳥などの小さな動物と接触することのないよう気をつけましょう。

違う種類の動物同士が一緒にいる光景はほほえましいものですが、ストレスや病気・寄生虫感染の可能性などリスクもあります。ハリネズミにはハリネズミだけの世界を作ってあげてください。

Q3. 小さな子どもがいる家庭でも大丈夫？

A3. 大人が中心になって世話をしましょう。

ハリネズミは小さな子ども向きの動物ではありません。特に慣れていないハリネズミだと、針を立てる、丸まるときに指を引き込まれる、噛まれるなど、子どもがケガをする心配や、抱いていて落とす危険などもあります。

小さな子どもがいる家庭でハリネズミを飼うなら、大人が飼育の主体になってください。ハリネズミを部屋に放して遊ばせたり、子どもとふれあわせるときは、必ず大人の監視下で行ってください。

ハリネズミには、疥癬ダニやサルモネラなど人と動物の共通感染症が知られています。ハリネズミの健康管理をしっかり行うほか、接したあとは必ず手を洗うことを習慣づけましょう。

Q4. ケガや病気のときは獣医さんで診てくれる？

A4. 飼い始める前に病院を探しておいて。

ハリネズミを診てもらえる動物病院はとても少ないのが現状です。飼いたいと思ったらまず最初に、通院できる範囲に診てもらえる病院があるかどうかを調べてください。ネットで検索したり、ハリネズミを扱っているペットショップ、ブリーダー、飼い主に聞いてみてもいいでしょう。

そしてハリネズミを飼い始めて慣れてきたら、一度健康診断を受けておきましょう。健康なときの状態を動物病院の先生に知っておいてもらうことにも意味があります（具合が悪いときにはすぐに連れて行ってください）。

Q5. 旅行などおでかけのときはどうすればいい？

A5. 一緒に連れて行かずに、信頼できるところに世話を頼みましょう。

ハリネズミは連れ歩くのに適した動物ではありません。留守番させるか、どこかに預けたり世話をしに来てもらいましょう。

ハリネズミが健康で、温度管理がきちんとできていること、ふやかしたフードではなくドライフードを食べられること、給水ボトルが使えることなどの条件が整っていれば、１～２泊まではハリネズミだけで留守番させることが可能でしょう。数日間、留守にするときはペットホテルやペットシッターを利用する、知人に預けたり世話をしに来てもらうといった方法を考えましょう。ハリネズミ可の業者は多くないので、スケジュールが決まったらできるだけ早く準備してください。

Q6. 動物アレルギーがある場合は？

A6. 専用の検査はできません。慎重に考えて。

飼っている動物を手放さなくてはならない理由のひとつに「動物アレルギー」があります。ハリネズミはアレルギー検査の項目にないので、事前に調べておくことはできませんが、アレルギー症状がひどければ新しい飼い主さんを探したほうがいいこともあります。そのようなことにならないためにも、アレルギー体質の方は飼う前に慎重に考えましょう。

ハリネズミの世話をしたり遊んだあとでアレルギー症状が出るときは、手袋やマスクをつけることや、ハリネズミのいる部屋と自分の生活空間を別にするなどの対応をしてください。

Q7. ハリネズミに多い病気はありますか?

A7. ダニ、腫瘍などいろいろな病気になります。

ハリネズミもいろいろな病気になります。特に多い病気と症状を知っておき、おかしいと思ったらすぐに動物病院に連れていってください。

「疥癬（ひぜん）ダニ」は皮膚に寄生するダニで、輸入ハリネズミに多い傾向があります。それが迎えたら健康診断をしたほうがいい理由のひとつでもあります。激しくかゆがったり、フケが出たり、針が抜けたりします。「歯周病」があると、ものが食べにくくなったり歯茎が腫れたりします。また、「腫瘍」も多いので、まめに健康チェックや健康診断をして早期発見を心がけましょう。「肥満」は病気ではありませんが、太りすぎると体への負担が大きいので注意が必要です（やせすぎもよくありません）。

「WHS（ハリネズミふらつき症候群）」というハリネズミ独特の神経疾患も知られています。原因や治療法などわかっていないことも多い病気です。手足の麻痺などがみられるようになります。

Q8. 長生きさせるためにはどうしたらいいですか?

A8. 環境に慣らして、まめに健康チェックを。

健康な個体を迎え、ハリネズミの生態（夜行性、食虫性など）を理解して適切な飼い方をすることです。慣れにくい個体もいますが、暮らしている環境や飼い主に慣らすことはストレスを減らすことにもなりますから、諦めずに少しずつ距離を縮めていってください。

日々の健康チェックもとても大切です。決して難しいものではなく、毎日の世話をしながら行うことができることです。トイレ掃除をするときに排泄物の状態を確認できますし、食事を与えるときには食欲や食べ方をチェックできます。遊ばせているときには、動きを観察しましょう。

ハリネズミは具合の悪いことを言葉で伝えてくれないので、毎日の暮らしの中での変化を発見するよう心がけてください。

かわいい！ 役立つ！ を手作りしよう

How to make

for ハリネズミ 1

寝袋

もぐるのが大好きなハリネズミに、
爪がひっかかりにくいフリースを使った寝袋を。

材料

綿生地	64×25cm
フリース生地	60×25cm

※飼育されているハリネズミに合わせて、
大きさをご調整ください。

ポイント

ざっくりとした目の粗い生地は、爪が引っかかりやすいので避けて。また、縫い目は細かく、表に出ないように縫いましょう。

寝袋 作り方

1

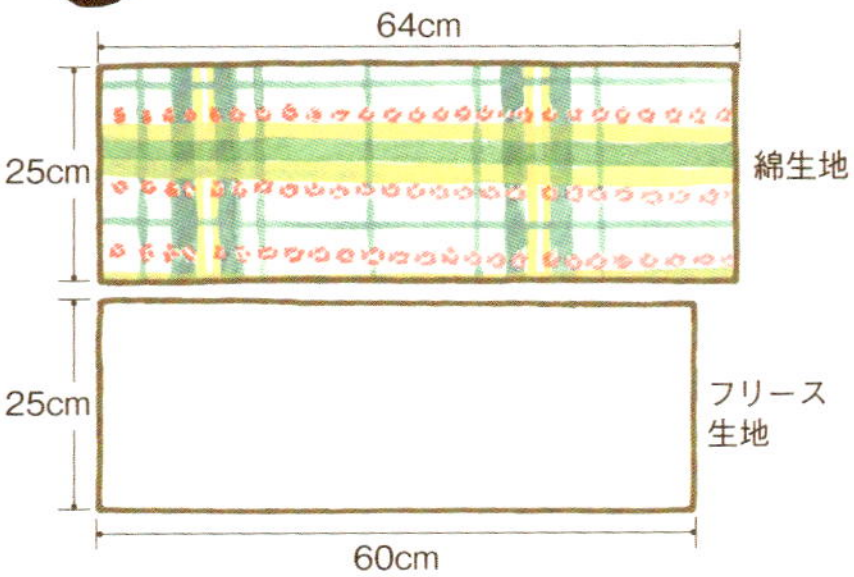

綿生地とフリース生地を寸法通りにカットする。

2

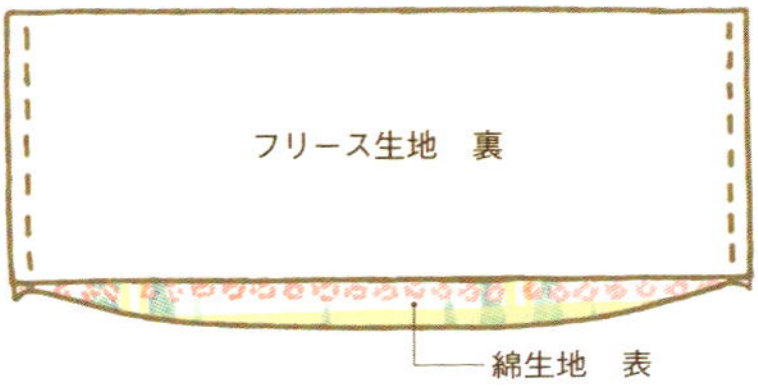

綿生地とフリース生地を中表に合わせ、25cmの2辺をそれぞれ縫い代1cm残してミシンで縫う。綿生地のほうが長いので少したるんでいてOK。

3

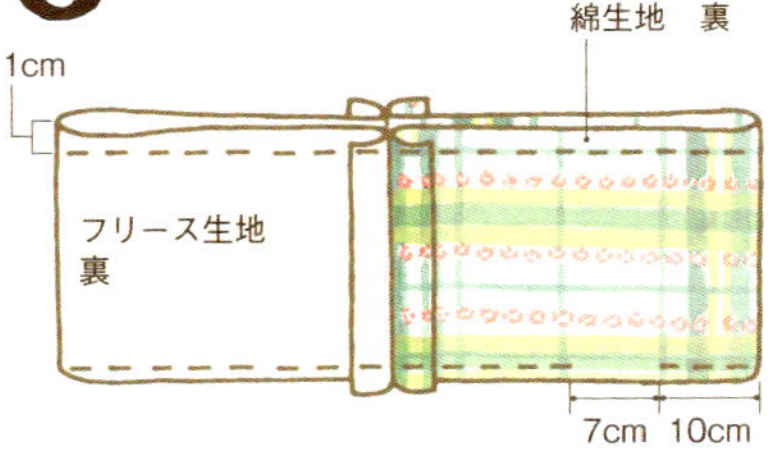

中表のまま縫った両端を合わせて縫い代を開き、長い辺も縫い代を1cm残してミシンで縫う。このとき、綿生地の片側7cmは縫わずにあけておく。

4

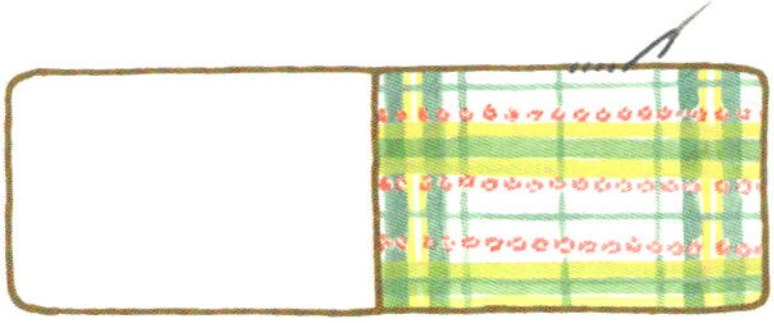

綿生地の7cmあけておいた部分(返し口)から生地を表に返す。返し口を、縫い目が表に見えないように細かく手縫いして止める。

5

フリース生地を内側に入れ込んで完成。使用するときはフリース面を外側に少し折り返すと出入りしやすい。

帽子 for ハリネズミ 2

頭にちょこんと乗る小さな王冠＆ベレー帽は、
かわいいハリネズミ写真の小道具に。

王冠

ポイント

王冠の大きさや色は、ハリネズミの成長やカラーに合わせて、アンンジを楽しんで。

材料

フェルト生地	6×1.5cm
木綿糸(飾り用)	少々

ベレー帽

ポイント

フェルトの特性を生かして、指も使って丸みをつけると、ベレー帽らしくなります。

材料

フェルト生地	3×3cm

王冠 作り方

❶

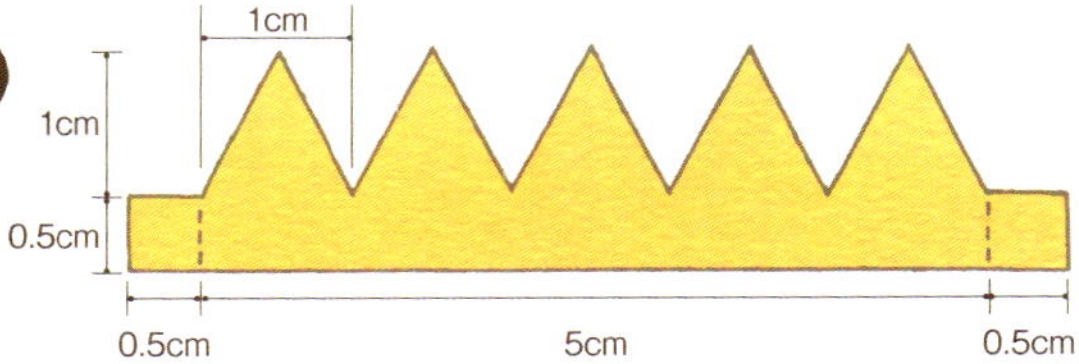

型紙をトレーシングペーパーなどに写し取り、フェルト生地に印をつけてカットする。

❷

飾り用の木綿糸は2本取りで玉結びをし、王冠の山の部分に刺し、反対側で玉どめする。同様に、すべての山の部分に飾りをつける。

❸

王冠になるように輪にして縫い合わせる。余った縫い代はカットする。

ベレー帽 作り方

❶

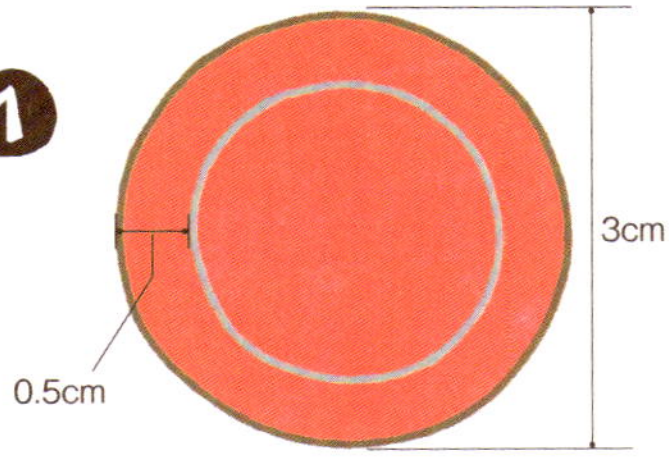

直径3cmの円になるようにフェルト生地をカットし、端から0.5cm内側に印をつける。

❷

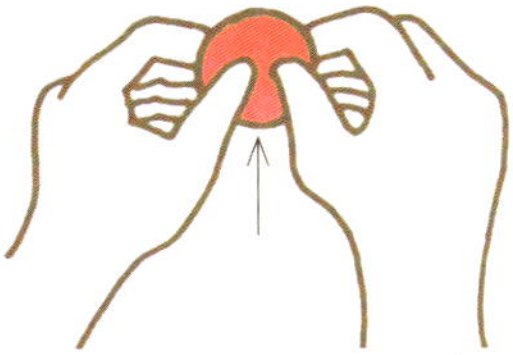

ベレー帽の形になるように、指で軽く押しながら、生地に丸みをつける。

❸

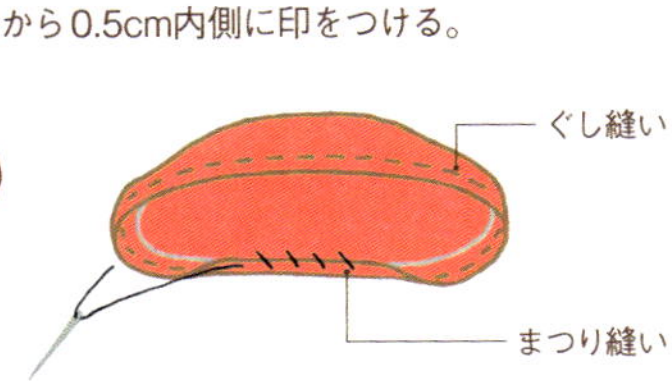

端から0.2cm内側をぐし縫いして絞る。縫い目が表側から見えないように内側に巻き込んで、❶でつけた印に合わせてまつり縫いしていく。

❹

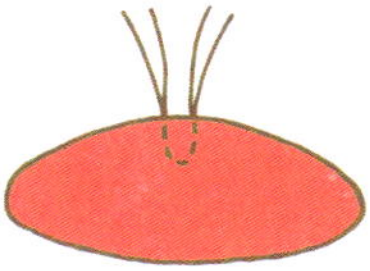

縫い糸を2本取りし、ベレー帽中央の表側から刺し、ずらして表側へ出す。糸をまとめて結び、0.5cmほど残してカットする。

ティピー

for ハリネズミ 3

移動式の住居・ティピーをハリネズミにプレゼント。もぐってくれたらうれしい！

材料

キャンバス生地	42×22cm
綿生地	約11×11cm
綾テープ 2cm幅	約60cm
綾テープ 1cm幅	約1m10cm
丸棒	直径3㎜、長さ30cm程度のものを5本

※木製の場合は広葉樹のものをご用意ください。

ポイント

最初に型紙を折って立ててみて、飼育されているハリネズミに合うサイズか確認してから、材料を準備しましょう。出入り口の大きさも要チェック。ハリネズミに合わせてご調整ください。また、生地の折り目には、アイロンをかけましょう。

ティピー 作り方

❶

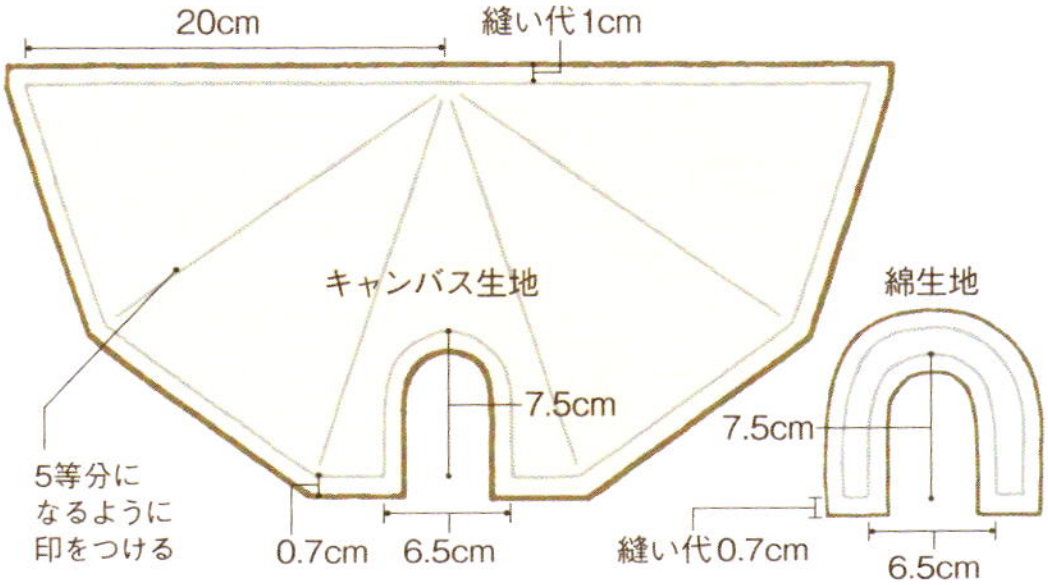

実寸で型紙を作って大きさを確認したら、キャンバス生地に印をしてカットする。出入り口のサイズはハリネズミが通る大きさにカット。綿生地もそのサイズに合わせてカットする。

❷

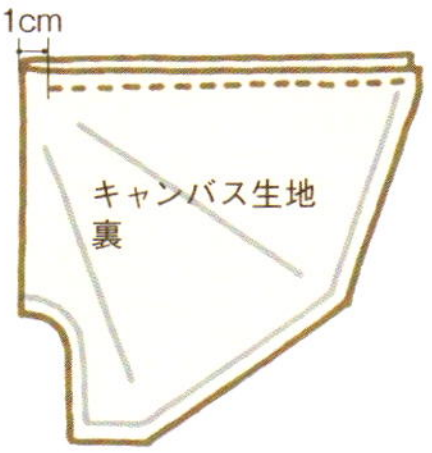

キャンバス生地を中表にして両端を合わせ、ティピーの頂点になる部分を1cm残して、ミシンで縫い合わせる。

❸

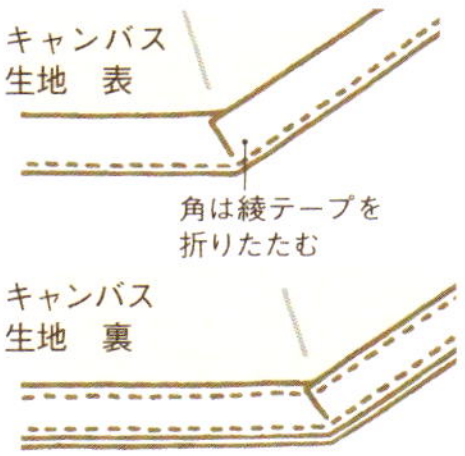

生地を表に返し、底辺（入り口以外）に、2cm幅の綾テープをミシンで縫いつける。綾テープを裏側へ倒し、端をミシンで縫う。

❹

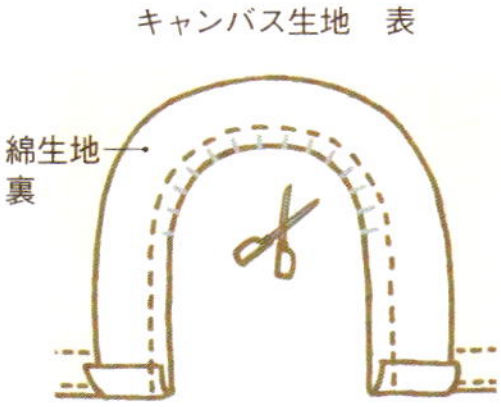

キャンバス生地の出入口部分に、綿生地を中表に当て下部の縫い代を外側へ折り、できあがり線でミシンをかける。カーブ内側の縫い代に細かく切り込みを入れる。

❺

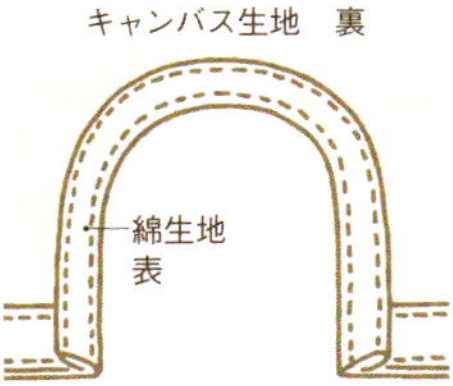

綿生地を裏側へ倒す。このとき表側から綿生地が見えないようにして、キャンバス生地をしっかり折る。綿生地で縫い代をくるむようにして折り込み、端をミシンで縫う。

❻

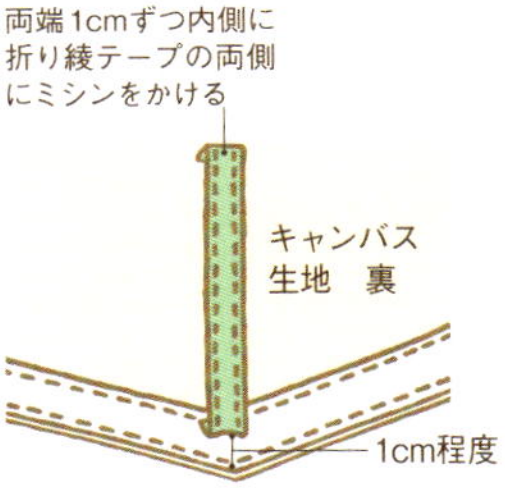

1cm幅の綾テープを16cm 5本カットする。ティピー内側から、丸棒を通す5辺に綾テープを縫いつける。

❼

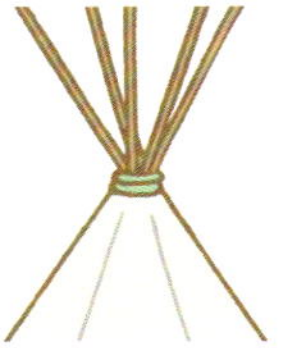

キャンバス生地の頂点を、丸棒が通るように少しカットする。❻で縫いつけた綾テープに丸棒を1本ずつ通し、頂点から出た部分をゴムでまとめる。上から残った綾テープを結ぶ。

How to make

羊毛フェルトのマスコット

for 飼い主さん 1

飼っているハリネズミにそっくりに作ってみよう。
ハリ友さんへのプレゼントにも◎

材料

羊毛フェルト	白15g、茶5g、こげ茶少々
毛糸(ウール100%、またはウールが多く入っているもの)	10g程度 ※必要な毛糸の量は、毛糸の太さなどによっても変わります。様子を見ながら適宜ご用意ください。
フェルト	2×1.8cmを2枚
あみぐるみ用の目	4mm　2個

※フェルティングニードル、フェルティングマットを用意してください。

ポイント

くぼませたい部分は、ニードルを多めに刺すのがコツ。大きいマスコットの作り方をアレンジして、小さなストラップにもチャレンジを。

作り方

1

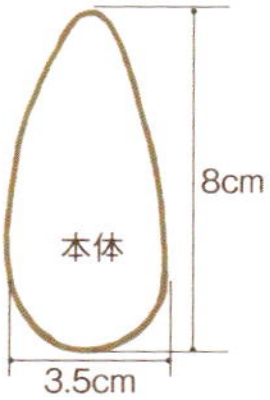

白の羊毛フェルトの半量程をくるくると丸め、ニードルで全体を刺す。残りの半量も足しながら、しずく形にする。

※白い羊毛フェルトは、少量を残しておく。

2

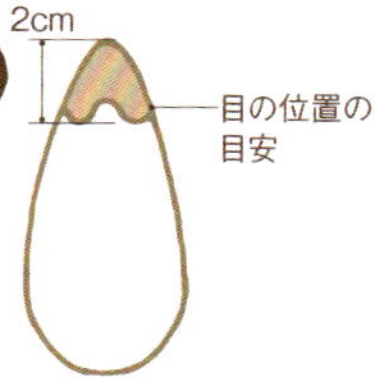

茶の羊毛フェルト少量を、しずくの先にハート形になるように刺し、顔を作る。目の位置にキリで穴をあけ目をつけてみると(ボンドはつけない)、仕上がりがイメージでき、形を整えやすい。

3

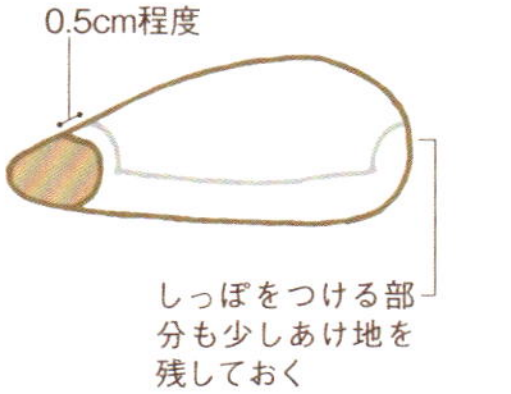

毛糸を刺す部分にペンで印をつける。

4

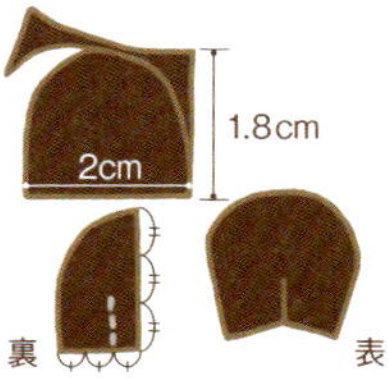

フェルト2枚を耳の形にカットする。それぞれ半分に折り、立体感が出るように縫う。

5

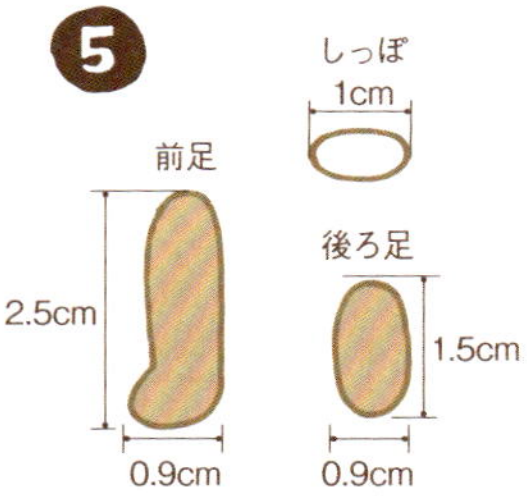

白の羊毛フェルトでしっぽ、茶の羊毛フェルトで前足、後ろ足を、ニードルで刺して作る。

6

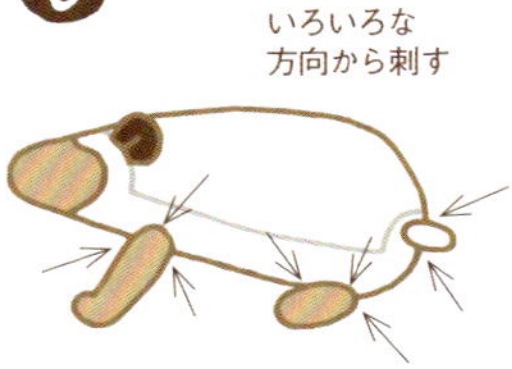

本体に、❹の耳、❺のしっぽ、足をつける。耳は目の位置の斜め上、毛糸をつけるきわに縫いつける。しっぽと足は、ニードルを使い刺し留める。

7

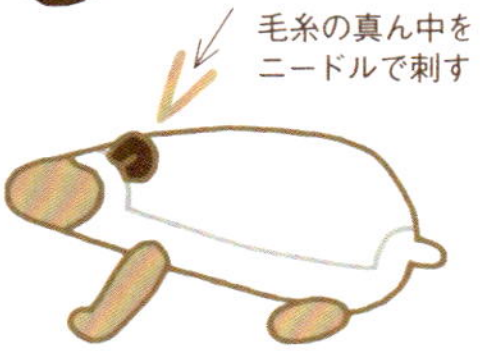

毛糸を6cmずつにカットし、❸の内側に、ニードルで刺していく。上半身を密に植毛するのがコツ。最後に毛糸をカットして形を整える。

8

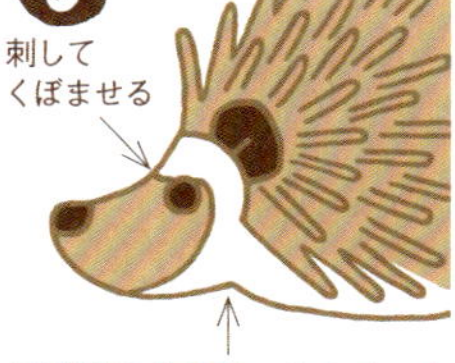

こげ茶の羊毛フェルトで、小さな団子を作り、鼻をつける。目の位置と、あごの下の位置を刺して少しくぼませる。目の位置に再度キリで穴をあけ、ボンドで目をつける。

羊毛フェルトのストラップ

❶ 白の羊毛フェルトで、長さ2.5cm程度のしずく形を作る。

❷ 茶の羊毛フェルトで顔を作る。

❸ 3cm程に切った毛糸を本体に刺していき、最後に長さを整える。

❹ 茶色いフェルトを耳の形にカットし、ボンドでつける。

❺ 目と鼻は、黒のビーズを縫いつける。

❻ しっかりした糸を本体の下から上に刺し通し、ストラップの金具に通して、再び下に刺して結ぶ。結び目の上から白い羊毛フェルトを刺し、目立たないようにする。

刺しゅう

for 飼い主さん 2

お手持ちのアイテムも、ワンポイントの
刺しゅうを施せば、自分だけのハリネズミグッズに。

材料

刺しゅう糸　茶色、ベージュ、赤、白　適量
(25番手)

ポイント

刺しゅう糸はすべて２本取りで使用。ハリネズミの針や目の糸の色を変えて楽しんで。

作り方

1

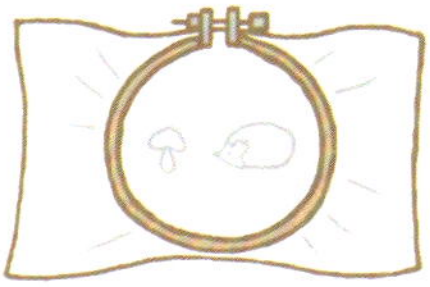

トレーシングペーパーやチャコペーパーなどを使って、図案を刺しゅうをする布に写す。刺しゅう枠をはめる。

2

図案のステッチの指示に従って、茶色の糸で、ハリネズミを刺しゅうする。

3

赤い糸でキノコの傘を、ベージュの糸と茶色の糸で軸を、白い糸で傘に模様を刺しゅうする。

図案(実物大)

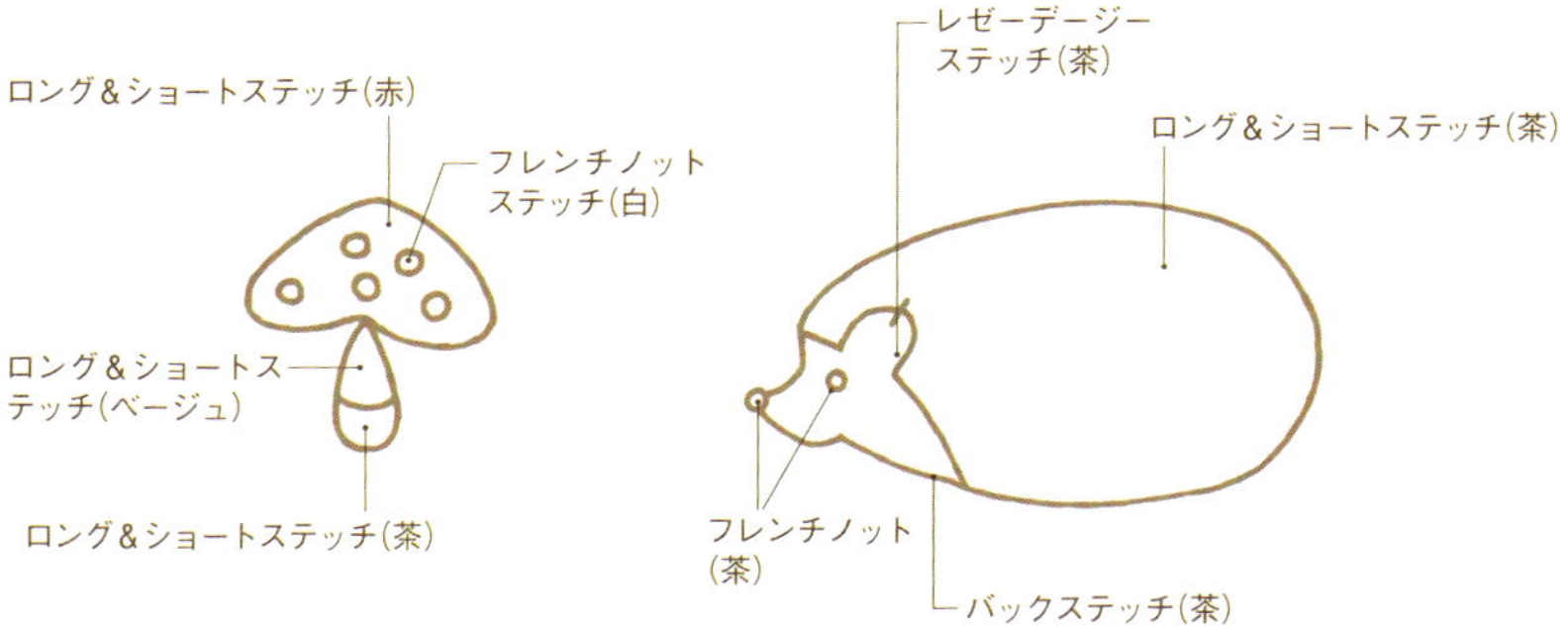

ステッチの種類

asonde

遊んでハリネズミ

＼スタート!!／

noshi
noshi

WINNER!

asonde

遊んでハリネズミ

何か入ってる？

何もなかった…

かわいく撮ろう

ハリネズミ写真講座

愛らしい表情やユニークなしぐさを
撮影するコツをご紹介します。

Lesson 1. 明るく撮る

ハリネズミの撮影は、夜に部屋の照明のもとで行うと、青みがかったり暗くてぶれてしまったりしがち。明るく撮影できると表情もよくわかります。

●自然光を利用する

夜行性のハリネズミですが、朝方や夕方の明るい時間帯に撮影できるのであれば、自然光を利用するのがベストです。自然光と言っても屋外ではなく、室内の光が届く場所で撮影を。

point

ハリネズミは本来、暗いほうが落ち着く動物。直射日光など、しっかり影ができるような強い光のもとでの撮影は避けましょう。窓には薄いカーテンをしておくなど、室内に入る光をやわらげて。

カーテン越しの
やわらかい光で撮影

●白い布や紙の上で撮る

白っぽい布や紙は、プロのカメラマンが使用する“レフ板”の役割を果たします。濃い色の床などの上で撮影するのに比べ、周囲の光が反射されてハリネズミが明るく写ります。

> *point*
>
> においに敏感なハリネズミ。落ち着いて撮影できるように、毎回、決まった布を使うなどして慣らしていきましょう。

お気に入りの白い布団の上で

カメラの設定もチェック

デジタルカメラで撮影する場合、設定を調整することで、より室内での撮影がしやすくなります。

・ISO感度を上げてみる

デジタルカメラの ISO感度は、通常、100・200・400・800のような数値で表示され、マニュアルで設定することができます。撮影では、光が少ないと被写体がぶれたりシャッターが切れなくなったりしますが、ISO感度の数値を大きく設定すれば、光が少なくてもぶれにくく、シャッターが切りやすくなります。

・ホワイトバランスを変えてみる

ホワイトバランスは、写真の色調を設定する機能。カメラによって設定方法は違いますが、例えば、電球マークや曇りマークなどで表示されています。撮ってみて「もう少しあたたかみのある色にしたい」と感じたら、曇りマークに合わせて撮影をすると、オレンジがかった色味に修正されます。電球マークでは、青みがかった色味に仕上がります。

※カメラによっては上記の設定ができなかったり、数値や名称が異なります。

Lesson 2. ハリネズミらしい写真を撮る

ハリネズミの体の大きさや生態に合わせて背景や撮り方を工夫すると、ハリネズミならではのかわいい写真を撮影できます。

●小物でキュートな世界を演出

独特なフォルムのハリネズミは、絵本のような作られた世界観にもとてもマッチします。体が小さいので、ちょっとしたスペースで背景を作ることができます。紙コップやストローなどの身近なアイテムも、工夫次第でかわいいデコレーションに。

point

慣れないにおいのものに囲まれると、ハリネズミは警戒してしまうことも。室内のお気に入りの場所で、小物も少しずつから始めてみてください。

小物は手作りするのも楽しい

point

ケージの寝床以外でも眠れる子なら、「寝相アート」を撮るのも手。睡眠の邪魔をしない程度にデコレーションしてみましょう。

そっと小物をチェンジ

トイレットペーパーの芯もおすすめ

おしりがかわいい

●“もぐる”習性を利用する

ハリネズミは、狭いところや暗いところが好き。すぐに隠れてしまいなかなか写真が撮れないということも。そこで、逆にその習性を利用。ハリネズミが頭を突っ込みやすい小物や、もぐりやすいクッションなどを用意しておくと、思わぬかわいい写真が撮影できることもあります。

point

カメラを連写できるように設定しておくと、コマ撮りのような写真が撮れます。

●まんまるの姿を上から狙う

動物写真では、動物の目線に下がって撮影するのが基本。でもハリネズミは小さいので、撮る人間は寝そべってようやく目線が合います。そこで、仰向けになって丸まっていられる子なら、真上から撮影するのも◎。まんまるの愛らしい姿がおさめられます。

point

カフェオレボウルなどの器に入れても、ハリネズミの目線が高くなり、顔がよく見える写真が撮影できます。

笑っているみたいな表情が◎

最後に…

ハリネズミに限らず動物の撮影では、動物に無理をさせるのは禁物です。撮る側が動物に合わせて動きましょう。体調やごきげんを見ながら、気長に楽しく撮影してくださいね。

osumashi

おすまし ハリネズミ

Tous les APÉRITIFS 20c
Absinthe - Amers
Bitter. Madère
Vermouth
Banyuis
Byrrh
Vins ord. a 1fr.
Vins superieurs
a
1,40 2.3
4 et 5
DINERS
et
SOUPERS
a
la carte

Tous les APÉRITIFS 20c
Absinthe - Amers
Bitter. Madère
Vermouth
Banyuis
Byrrh
Vins ord. a 1fr.
Vins superieurs
a
1,40 2.3
4 et 5
DINERS
et
SOUPERS
a
la carte

じーー。

脱出《dasshutsu》ハリネズミ

オットット

よいしょ

right
OK!

ハリネズミのかわいい雑貨

特徴的なフォルムで、雑貨のモチーフとしても人気のハリネズミ。
ハリ友さんへのプレゼントにもgood！

ティーポット、マグカップ、プレート

イギリスの陶芸家、サラ・ビリンガムの陶器は、手作り＆手描きならではの味わい深さが魅力。ほっこり温かいティータイムを過ごせそうです。

ブルーベルの森
http://www.bluebell-woodland.com/

スプーン

ステンレス製ティースプーン。ハリネズミ雑貨は数あれど、立ち上がったハリネズミはちょっと珍しい。ほかに、フォーク、ピックもあります。

高桑金属　http://www.elfin-takakuwa.co.jp/

てぬぐい

スウェーデンのデザイナー、リサ・ラーソンの手ぬぐいは、手ぬぐい専門店「かまわぬ」への別注品。色やデザイン違いもあるのでお気に入りを探して。

トンカチ
http://lisalarson.jp/

壁掛け時計

温かみのある木製の時計は、アメリカ在住の日本人女性デザイナーによる「DECOYLAB」のもの。鼻先がつんと上を向いたシルエットがとってもキュート。

インスパイア＆イノベーション
http://colorfulwolf.jp/

カップ

しっぽが立体的な動物モチーフのカップ「MUGTAIL」シリーズのハリネズミ。キャンドルホルダーとして使うと、ハリネズミのシルエットが明るく浮かび上がります。

KINTO（キントー）　http://www.kinto.co.jp/

ぬいぐるみ

愛嬌たっぷりのリサ・ラーソンのぬいぐるみ。M（高さ18cm）とS（高さ13cm）の2サイズのほか、ボールチェーン付きのマスコットサイズもあります。

トンカチ　http://lisalarson.jp/

スタンプ

イギリス「The Stamp Company」のスタンプ。スタンプ部分の幅が約50mm、約24mmの2サイズあり。無地のカードもかわいいオリジナルカードにできちゃいます。

DESK LABO　http://www.desklabo.net/

色鉛筆スタンド

24色の色鉛筆を針に見立てたユニークなアイテム。チェコのステーショナリーブランド「kohi-noor」の人気商品。デスクの主役になります。

A Non Design　http://www.rhetoric.jp/

ハリネズミ飼いに なりたい方へのメッセージ

ぽたほく さん

♀ミモザ、♀わたあめ、♀りんごあめ、♂ダンデリオン

ハリネズミは決して飼いやすいペットとは言えないと思います。でも、とても魅力的で、何年飼っていても飽きることはありません。基本的には、犬や猫のように人に慣れるペットではないことを理解してあげて、ハリネズミを慣らすのではなく、飼い主側がハリネズミの性格や行動に慣れていくことが大切だと思います。

yoshiko さん

♀楓、♂檜

私も飼い始めたばかりの初心者。飼育で迷うことなどは、購入したブリーダーさんに相談し、助けられています。飼い始めてからも相談ができるところで購入されることをおすすめします。

イチコマ さん

♂はぐり

ビビリなはぐり。病院などで知らない人がいると、私の元に駆け寄り手に登ろうとします。普段警戒することが多くても、少しは信頼しているのかな、かわいいやつめ、と毎回思っています(笑)。「うちの子は慣れない！」と感じても、それはとてもハリネズミらしくかわいい性格だと思って接していれば、甘えたりさわらせることはなくても、きっと信頼してくれるはずです。

E.Kさん

♀ハリノ

繊細でか弱い生き物なので、飼う前にしっかりとハリネズミについて知ることが大事だと思います。ハリネズミについて理解が深まれば、人見知りなところも、気分屋なところも、全部ひっくるめて愛してあげることができると思います。

ハリネズミ飼いへの道
～もっと詳しく編～

仲良くなるために

ハリネズミを慣らす目的

ハリネズミは、犬や猫のようには慣れてくれません。どちらかというと、かわいい姿や遊んでいる様子を眺めて楽しむという距離感が適している動物です。

それでも、ハリネズミを家族に迎えて飼うからには慣らすことが必要です。もし慣らさないままなら、ハリネズミは常に怖がり、ストレスを感じながら暮らさなくてはなりません。世話、健康チェック、動物病院での診察など、ペットのハリネズミの生活には、人との接触が欠かせないからです。なによりハリネズミのために、慣らす努力をしましょう。ハリネズミには飼い主さんの存在を十分に認識する能力もありますし、信頼関係を作ることもできるのです。

慣らすときの心がけ

ハリネズミも人と同じでさまざまな個性があります。最初から丸まったりすることなく、人の手を怖がらない子もいれば、なかなか巣箱から出てこないような子もいるなど個体差が大きいので、「目標」は個体によって違っていいのです。いきなり抱っこすることを目標にせず、怖がりな子なら、最初は「人が見ているときに巣箱から出てくる」といった小さな一歩を目標にするのでもいいと思います。

多くの場合、ハリネズミは慣らすのに時間がかかります。愛情を忘れず、忍耐強く、気長につきあいましょう。一度怖い思いをすると、それを忘れるのには時間がかかるので、大声を出したり叩いたりしてハリネズミをびっくりさせないでください。

慣らすタイミング

家に来てすぐのハリネズミは移動で疲れていますし、環境変化に大きなストレスを感じているでしょう。しばらくは無理に接することなく、新しい住まいに慣れてもらうことを第一に考えてください。慣らす練習はハリネズミが落ち着いてきてから始めましょう。

時間帯としては、ハリネズミの活動時間である「夜」が適しています。また、短時間でも毎日接する時間を作りましょう。

「飼い主さんのにおい」＝「いいことがある」

ハリネズミはすぐれた嗅覚と聴覚をもち、においや音（声）から多くの情報をキャッチします。名前を呼んで声をかけ、飼い主さんの手のにおいをかがせてからごはんを与えるようにしましょう。ケージに手を入れても警戒しなくなってきたら、抱っこ（P100参照）の練習を始めます。

部屋で遊ばせながら慣らすときは、ハリネズミが自分から近づいてくるのを待ちます。好物を見せ、与えてみましょう。慣れてきたら膝の上で好物を与えます。飼い主さんのにおいがするときにはいいことがある（好物をもらえる）と理解してもらうのが、慣らす近道です。ただし、与えすぎて太らせないよう気をつけて。

においに慣らすもうひとつの方法には、飼い主さんのにおいのついた布を寝床に入れるというものもあります。安心して眠れる場所にあるにおいに慣れ、同じにおいのする飼い主さんにも慣れてくれるというわけです。

名前を呼んで

においをかがせる

ごはんタイム

抱っこするときの注意点

抱っこはハリネズミがある程度、人に慣れてから行なってください。

「予告」をしてから

ハリネズミの体にふれるときは、ハリネズミの前から近づき、声をかけたり手のにおいをかがせるなどして、飼い主さんの存在を認識させてからにしましょう。急にさわるとハリネズミが驚いてしまいます。

ハリネズミが落ち着いているときに

威嚇しているときに抱こうとするとますます警戒し、抱っこが嫌いになってしまいます。抱っこは、ハリネズミが落ち着いているときにしてください。

抱かれていることに慣れたら

抱っこしながら少しずつ、体のあちこちをさわることに慣らしておきましょう。健康チェックや診察時に役立ちますし、手足を触ることに慣れれば爪切りが楽になります。ハリネズミが嫌がらないなら、仰向けにすることにも慣らしておくといいでしょう。

びくびくしないで

飼い主さんがおだやかな気持ちでいればハリネズミにも安心感は伝わります。逆に、飼い主さんが怖がっていたり、びくびくしながらハリネズミにふれようとすると、その不安感もハリネズミに伝わり、警戒されてしまいます。ふれるときには自信を持って。

必ず座って抱っこ

ハリネズミが急に針を立てたり、噛まれたり、暴れたときに床に落とさないよう、飼い主さんは床に座って抱っこしましょう。膝の上に乗せたり、片方の腕に乗せるようにしてもう片方の手で支えましょう。ハリネズミが安定していられる方法をとってください。

不安を感じさせてしまうのは、後ろ足が宙ぶらりんになっているような状態です。どういう抱き方をするにしても、後ろ足やお尻が安定するようにしてあげましょう。

抱っこしているときに好物を少し与えると、抱っこに好印象をもってくれます。

手袋は最終手段

革手袋は、抱き上げる必要があるのに丸まってしまったときなどの最終手段としましょう。常に手袋をしていては飼い主さんのにおいに慣れることができません。必要なら、プラケースに誘導して運ぶなどの方法も考えましょう。

抱き上げ方

ハリネズミの様子を見ながら、落ち着いていられる方法で抱き上げましょう。

その1

❶ 鼻先に手を近づけ、においをかがせる

❷ 顔の下に手を置き、乗ってくるのを待つ

❸ しっかり乗るまで待って

❹ 両手で包み込む。鼻先からなでると喜ぶ子も

その2

❶ 鼻先に手を近づけ、においをかがせる
❷ ハリネズミの体の左右から、両手ですくうようにして持ち上げる

❸ ハリネズミが安定する状態で抱っこする

なでるときは…

いきなり頭をさわらずに、まずはにおいを確認させて、頭からおしりに向けてなでる

針とお腹に注意して

針が体に沿って寝ているときは背中をなでることもできますが、慣れている子でもびっくりすると針を立てます。おでこの針だけを立てることもあります。

ハリネズミが丸まる力はとても強く、ふれられることに慣れていないうちにお腹をさわろうとすると、指を引き込んで丸まろうとして危険なので注意してください。

また、顔の周囲をさわられるのを嫌がるハリネズミもいます。

遊びと運動

ハリネズミが好きな遊び

野生のハリネズミは広い行動圏をもち、食べ物を求めたり天敵から逃げるため、たくさんの距離を歩き回ります。一方、ペットのハリネズミはとても恵まれた環境で生活しています。そのぶん本能的な行動をする機会や体を動かす機会がぐっと減ります。

しかし、そういう行動は心身の健康のために、とても大切な意味があります。それをハリネズミに必要な「遊び」と考えて、積極的に暮らしの中に取り入れましょう。

本能的に楽しいこと

野生のハリネズミの行動には、獲物を求めて歩き回り探検する、寝床を整えるために穴を掘る、狭い場所の巣にもぐりこむといったものがあります。こうした行動をさせることが、ハリネズミを本能的に満足させる助けになります。

こんな遊び

- 物陰がある広い場所を歩き回れるようにする
- 回し車を置く
- チューブなどのもぐりこめるおもちゃを置く
- 寝床として寝袋を用意する

など

好奇心を刺激すること

ハリネズミをびっくりさせるような急激な環境の変化はよくありませんが、ハリネズミの毎日にいつもと違う小さな変化を加え、好奇心を刺激するのはいいことです。

こんな遊び

- ときどき、生き餌を与える
- 新しいおもちゃや寝床を取り入れる

など

コミュニケーション

名前を呼び、近くに来たら好物を与えることは、飼い主さんとのコミュニケーションを深めることにもなりますし、遊びのひとつとも言えるでしょう。信頼関係作りの助けにもなります。

こんな遊び

- 名前を呼んで来たら好物を与える
- 呼んで膝に乗ったら好物を与える

など

ケージ内の遊びグッズ

ハリネズミが長い時間を過ごすのはケージの中です。ケージ内にも遊びグッズを用意するといいでしょう。遊びグッズをたくさん置きすぎてケージの中が狭くならないように気をつけてください。

回し車

回し車が代表的な遊びグッズです。長い距離を移動しているつもりになれたり、なんといっても体を動かす機会になります。ただしハリネズミは回し車を使いながら排泄することがとても多いので、その覚悟はしておきましょう。こまめに掃除するか、足場にペットシーツなどを敷いておくのもいいでしょう。

回し車選びのポイント

- □体の大きさに合ったものを。大人のハリネズミなら直径30cmが目安です。
- □足場（ハリネズミが乗って走るところ）は足を踏み外す事故を防ぐため、板状になっているか、網状なら細かいものを。
- □ケージに合ったものを。床に置くタイプや側面に取り付けるタイプがありますので、どう設置するか確かめてから買いましょう。

もぐりこむおもちゃ

フェレット用やウサギ用のチューブ、トンネルのおもちゃ、リクガメ用のシェルターなどのもぐりこめるおもちゃも、いい遊びグッズになります。ダンボールで手作りするのもいいでしょう。必ず、ハリネズミが楽に出入りできるサイズのものにしてください。

おさんぽさせよう

遊びを広げる「へやんぽ」

ケージの中だけで十分な運動ができるなら、あえて部屋に出して遊ばせなくてもいいのですが、多くの場合、ケージ内だけでは運動量が足りなかったり、単調な生活になりがちです。しっかり準備をしたうえで、ハリネズミをケージから出して室内で遊ばせましょう。においをかぎながらあちこちを探検して歩いたり、飼い主さんの膝に乗って好物をもらったり、ハリネズミの個性に応じた楽しい時間を作ってあげましょう。

お部屋のおさんぽ「へやんぽ」のしかた

準備	●迎えたばかりのハリネズミの場合、飼い主さんにある程度慣れてからにしましょう。 ●ハリネズミ目線で見ると、室内には危険が多いものです。安全対策をしたひとつの部屋だけに限定する、ペットサークルを使うなど、場所を区切って遊ばせましょう。ペットサークルの中におもちゃ類を置いて、安全な「ハリネズミランド」を用意するのもいい方法です。
安全対策	●屋外や、安全対策ができていない部屋に行かないよう、ドアや窓は確実に閉めましょう。 ●ハリネズミがいる場所から目を離さないで。足元に来たり、クッションやラグの下にもぐりこんだりするので、うっかり蹴ったり上に座ったりしないようにします。 ●かじったら危険なものはないでしょうか。電気コード類は保護チューブを巻くか、ハリネズミがさわれないところを通し、テレビやパソコンの裏には行かないようガードしましょう。毒性のある植物、タバコ、医薬品や化粧品、殺虫剤などのほかに、輪ゴムや消しゴムなどかじりそうなもの、人の食べ物などにも要注意。 ●家具のすき間など狭いところに入らないようガードしておきましょう。
取り入れたいこと	●近くに寄ってきたら好物をあげる、慣れてきているなら膝に乗せて飼い主さんのにおいに慣らすなど、コミュニケーションをとるのにいい時間です。ただし、ハリネズミが探検を楽しんでいるときには邪魔をしないようにしましょう。 ●へやんぽ中にぜひ行ってほしいのは、健康チェック。活発で好奇心旺盛な様子を見せているか、歩き方がふらついたりしていないかなど、元気のよさや体の動きを確認してください。
「へやんぽ」のあとで	●どこかに排泄していないか、なにかをかじったあとがないかを確認しましょう。 ●抜けた針が落ちていることがあり、踏むと痛いので、落ち針がないかをチェックを。

お部屋の中では、すみっこを歩きたがるハリネズミも多いよう

「そとんぽ」は必要なの？

ハリネズミのさんぽは室内だけで十分です。ハリネズミはもともと日本にいない動物です。マンシュウハリネズミなどは「特定外来生物」に指定され、原則、飼育が禁じられました。ペットとして飼われていたハリネズミが捨てられたり脱走したりするなどして野生化してしまったからです。もし、ヨツユビハリネズミも野生化するようなことがあれば（暖かい地域なら可能性はあります）、いつか飼えなくなる日がくるかもしれません。外に連れて行くことはどうか慎重に考えてください。

屋外のおさんぽ「そとんぽ」の注意点

ハリネズミを屋外に出すときは、このようなことに気をつけてください。

- ●夏や冬は避け、春や秋の天候のいい時期の夕方を選んでください。
- ●除草剤や農薬が使われていない場所、犬猫の排泄物や排気ガスなどで汚染されていない場所を選んでください。犬や猫、カラスなどとの遭遇に注意してください。
- ●ハリネズミ用のハーネス・リードはないので、網目の細かいペットサークルの中で遊ばせてください。日陰を作り、飲み水も用意します。
- ●ハリネズミが怖がっているようなら中断してください。
- ●さんぽのあとで、ダニが寄生していないかなど体をチェックしてください。

トイレを教えよう

トイレトレーニングはできる?

決まった位置で排泄したり、トイレ容器を使って排泄したりするハリネズミもいます。すべてのハリネズミに期待はできませんが、一度はトイレトレーニングを試してみるといいでしょう。

飼い主さんが場所を決めて設置したトイレ容器で排泄するよう促す方法と、トイレの位置はハリネズミに決めさせてそこに排泄させる方法があります。

トイレはウサギやフェレット用の小型のものを用意します。

飼い主さんがトイレの場所を決める方法

❶ ケージの隅の落ち着ける場所にトイレ容器を設置します。
出入り口に高さがありすぎると出入りしにくいので注意しましょう。
❷ 容器の中にトイレ砂を入れます。
❸ ハリネズミのウンチや、オシッコを拭きとったティッシュをトイレ容器に入れておきます。
自分の排泄物のにおいで、ここがトイレだと理解してもらうためです。
❹ トイレ以外で排泄した場合は、においが残らないようにきれいに掃除します。
❺ ハリネズミが排泄する前の様子を観察し、トイレ以外で排泄しようとしていたらトイレに誘導します。
❻ どうしてもトイレ以外の場所で排泄してしまうなら、そこにトイレを移動しましょう。

ハリネズミが排泄する場所にトイレを置く方法

❶ ハリネズミがよく排泄する場所に、出入りしやすいトイレを設置します。
❷ 排泄物をトイレに置き、ここがトイレだとわかるようにします。

トレーニングしてもトイレを使わない場合

なかにはどうしてもトイレの位置が一定しない子もいます。「どうして覚えてくれないの！」とイライラするよりも、そういうものだと諦めてこまめに掃除するのがいいでしょう。

へやんぽ中のトイレ

室内で遊ばせているときに排泄することもあります。部屋にトイレを置いて覚えさせることもできますが、部屋の隅には新聞紙やペットシーツを広げておくのが現実的でしょう。

ウンチを捨てるその前に

排泄物は健康のバロメーターです。ハリネズミの尿は薄い黄色、便はバナナ状でこげ茶色、ある程度の硬さがあるのが健康です。体調がよくないと緑色の便をすることがあります。排泄物の色、頻度や量、形状の変化がないかどうか、トイレ掃除をするときにはチェックしてください。

おうちのお手入れとお世話

落ち着ける環境を保とう

住まいを清潔にしておくことは、ハリネズミを健康に飼うためにも、ともに暮らす人の生活を快適に維持するためにも、とても大切です。

ケージ内が汚れたままでは、病気にもなりやすいですし、排泄物などの健康チェックもきちんとできません。毎日の世話は欠かさず行いましょう。

ただし注意したいのは、あまりにも毎日隅々まできれいにしすぎることです。ハリネズミは自分の

毎日のお世話の一例

朝、起きたら

❶ 食器を片付けます。食べ残しがないかをチェックしましょう。

ハリネズミが寝ている間に

❷ 排泄物のチェックをしながらトイレ掃除をします。
❸ 回し車が汚れていたら掃除します。
❹ 汚れた床材は捨てて補充します。

ハリネズミの活動時間

❺ 食事を与え、飲み水を交換します。
❻ 部屋で遊ばせたあとは室内の掃除
（排泄物や落ちた針の片付け）をします。

におい がする環境だと落ち着く動物なので、においひとつ残らないように掃除するのではなく、こぎれいになっている程度のレベルが最適です。

お世話・お手入れの時間

●毎日のお世話は、だいたい同じ時間に行うとよいでしょう。
●掃除やグッズの洗浄は、ハリネズミが寝ている間に起こさないように行うか、ハリネズミを別の安全な場所で遊ばせている間に行いましょう。

ときどき行うお手入れ

週に1回程度

●床材を交換します。すべて交換してしまわず、ハリネズミのにおいが残ったものを少し残しておきましょう。（トイレを覚えている場合）

汚れ具合に応じて

●巣箱や寝床を洗います。洗ったあとは十分に乾かしましょう。
●給水ボトルは哺乳瓶用の洗浄ブラシや消毒液で洗浄します。
●ケージを洗います。

※飼育グッズとケージの洗浄は、別のときに行うようにしてください。ハリネズミのにおいを残しておくためです。

体のお手入れ

ハリネズミのグルーミング

野生のハリネズミは、自分で身づくろいすることで体の汚れを落としています。また、毎日長い距離を歩くので、爪が伸びすぎることはありません。しかし野生と異なる環境では、人が手を貸さなくてはならないことがあります。

●爪切り

爪が伸びすぎると、ケージの隙間や布などに引っかけたり、歩きにくくなるなどの支障がありま す。十分に歩きまわれる環境を作ったうえで、伸びすぎたときには爪切りをしましょう。

ハリネズミが落ち着いていられる体勢で抱き、爪を切ります。事前に抱く方法など練習しておくといいでしょう。二人でできるなら、一人がハリネズミの体を支え、もう一人が爪を切ります。

一度にすべての爪を切るのが難しいなら、片足ずつ、1本ずつでもいいので、無理をしないでください。また、ハリネズミの爪には血管があり、短く切りすぎると出血するので注意しましょう。

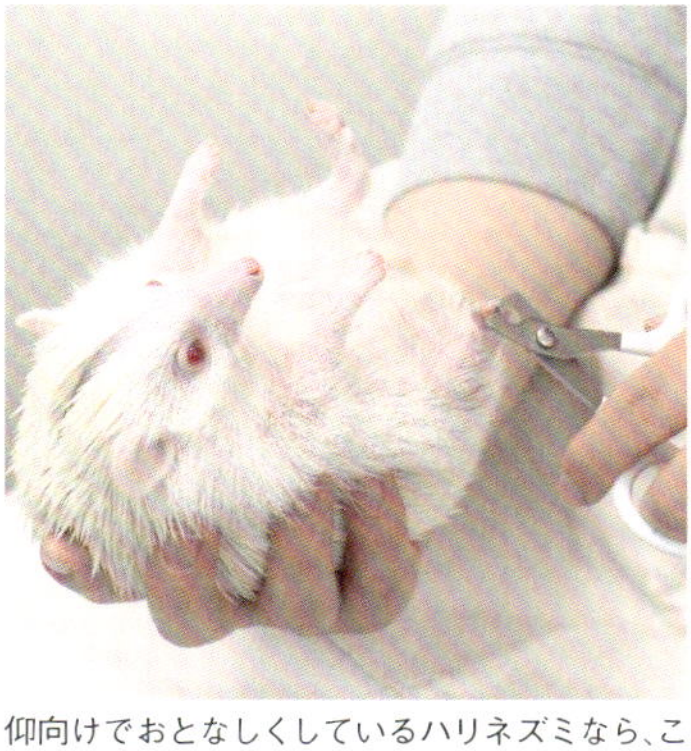

仰向けでおとなしくしているハリネズミなら、このスタイルでも

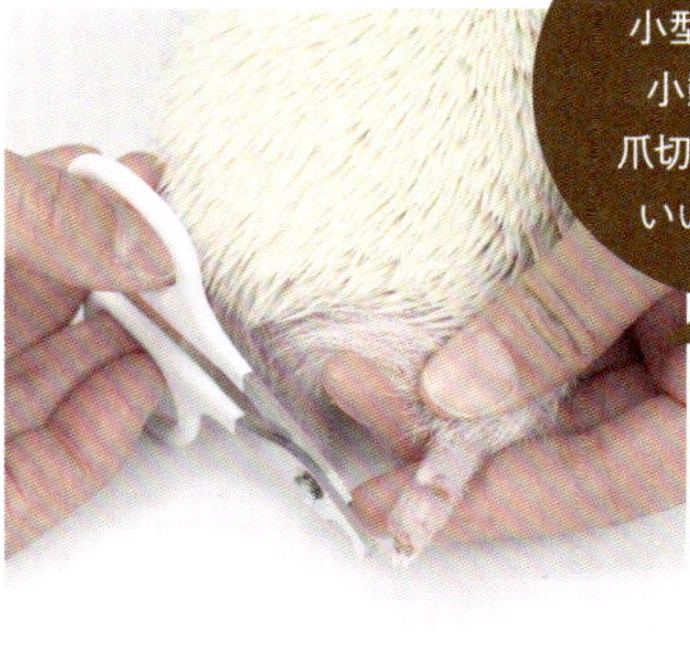

落ち着いている状態のときに、足先を引き出して、安定させて切ります

ウサギや小型犬用など小動物用の爪切りを使うといいでしょう

●シャンプー

基本的にはハリネズミを洗う必要はありません。ただし、ハリネズミは回し車で排泄することがよくあり、その際に足やお腹を汚すことがあります。体に汚れがついたときは洗ってあげましょう。シャンプー剤は使わず、お湯だけで十分です（薬浴など、獣医師から特別な指示があるときはそれに従ってください）。

足やお腹が汚れているだけのときは、洗面器などに浅くお湯を張って汚れたところだけ洗い流してください。全身が汚れているときは、顔にかからないように注意しながらお湯で汚れを落としましょう。洗ったあとは手早く水分を拭き取り、体を冷やさないようにしてください。なお、幼いハリネズミや高齢のハリネズミは、体調を崩しやすいので、シャンプーは避けるようにしましょう。

洗面器や洗面台を使用して、お湯（37～38度くらい）で行います

ハリネズミのお腹がつくくらいの高さにお湯を張り、ハリネズミを入れる

手で汚れを洗う。背中が汚れているときは、手でお湯をすくって洗い流す

タオルで水分を拭き取る。体を冷やさないように時間をおかずに拭いてあげて

ハリネズミの気持ち

しぐさや鳴き声で知ろう

言葉で気持ちを伝えてくれないハリネズミですが、さまざまな感情をいろいろな方法で私たちに伝えようとしています。ハリネズミの気持ちを理解するため、しぐさや鳴き声の意味を知りましょう。

満足してます

リラックスし、満足な気持ちでいるときは、ゴロゴロと猫が喉を慣らすような音を出します。それがどんな状況のときなのか覚えておけば、ハリネズミに幸せな時間をたくさん届けられるかもしれません。

リラックス

針を立てずにいるのは、警戒せずリラックスしているときです。体を伸ばして眠るのも、その環境に安心しきってリラックスしているからです。

愛のささやき

繁殖時に発する鳴き声で、ピーピーというかわいい音です。繁殖相手がいないときにも聞かれることがありますが、気分がいいことを示しています。

とっても警戒中!!!

全身の針を立てて丸まっているのは、強く警戒し、自分の身を守ろうとしているときです。そっとしておくのが基本です。

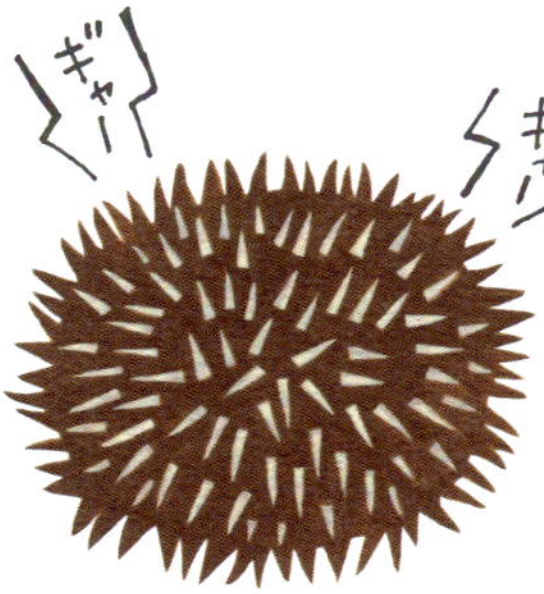

助けて！

苦痛や恐ろしい事態に直面したときに発する声は、子猫や人間の赤ちゃんの鳴き声のように聞こえます。聞く機会がないのが望ましい飼い方です。

ちょっぴり警戒

ちょっとびっくりしたときや、不快なこと、不安なことがあったとき、周囲の様子に少しだけ警戒しているときは、頭の針を立てます。慣れていない子なら構わないようにして、慣れている子なら声をかけたり手のにおいをかがせて安心させましょう。

警戒してます！
&不愉快なんです

警戒しているときには針を立てるだけでなく、シューシューという鳴き声を立てます。かまうのは落ち着くまで待ってあげましょう。

フッフッ……と短い間隔で鳴くのは不愉快なことがあったときです。シューシューという鳴き声も一緒に発したりします。

季節のお世話のしかた

ハリネズミの快適温度

　ペットとして飼育できるヨツユビハリネズミは、アフリカ大陸の出身。寒いのは苦手です。では暑さには強いかといえば、野生の世界では涼しい場所を求めて移動することができますが、ペットとしての暮らしでは逃げ場所がありません。暑すぎたり寒すぎたりしない環境を作ってあげましょう。

　快適な温度は23～32℃（最適は24～29℃）、湿度は40％までと言われています。

暑さ対策

エアコンで温度管理を

適温 30℃くらいと聞くと、夏はなにもしなくてもよさそうにも思えてしまいますが、最近の日本の猛烈な暑さでは、なにも対策をせずに飼うのは難しいことです。エアコンで室内の温度管理を行いましょう。

風通しのいい住まい

水槽や衣装ケースなどで飼育していると暑さや湿気がこもりがちですから、夏場はケージで飼うというのもいい方法でしょう。

ケージ内のクールグッズ

大理石やアルミボードなどのペット用クールグッズなどを使うことができます。

食べ残しを放置しない

ふやかしたペレットなど水分の多い食べ物は傷みやすいので、食べ残しは早くケージから取り除きましょう。

「冬眠」について

冬眠とは、体温を下げたり呼吸数を減らすなどして寒い冬を乗り切るために一部の動物が身につけた能力です。冬眠する動物としてはクマやヤマネ、シマリスなどが知られています。ハリネズミの仲間ではナミハリネズミが冬眠します。

ペットのハリネズミ(ヨツユビハリネズミ)には冬眠する能力はありません。寒いと「低体温症」になり、冬眠しているかのように体温が下がり、動きが鈍くなります。このようなことにならないためにも、冬場は暖かくして飼ってください。

寒さ対策

エアコンやヒーターは必須

ハリネズミに寒さ対策は欠かせません。エアコンやオイルヒーター、ペットヒーターなどを使ってハリネズミの住まいを暖かく保ちましょう。エアコンの設定温度が高くても、ハリネズミのいる床の上は寒いこともあります。必ずケージのそばに温度計を置いて温度を確認してください。

保温性のいい住まい

ケージ飼育だと暖かさを保ちにくいので、冬場は水槽や衣装ケースなどの保温性のいい飼育ケージを使う方法もあります。

ケージ内には「温度勾配」を

ハリネズミが自分で快適な居場所を探せるように、ケージ内にはペットヒーターを使って特に暖かくなっている場所と、ヒーターのない場所を作ります。

ペットヒーターの温度は触って確認

ペットヒーターがどのくらいの温度になるのか、直接、手でさわって確認してください。暑すぎるようならフリースでカバーをしたり巣箱を上に置くなど、間接的に暖かくなる工夫をしましょう。低温やけどさせないように気をつけてください。

ハリネズミの絵本

世界には、ハリネズミが主役の絵本や児童書がたくさんあります。

イギリス

『むぎばたけ』

文:アリソン・アトリー
絵:片山健
訳:矢川澄子
発行:福音館書店

「今夜は、空のランプがあかるいね」。月が輝く気持ちのいい夏の夜、ハリネズミは、麦の穂が風に揺れるのをうっとり眺め、そのささやきに耳をすまします。イギリスの草原を舞台にした、幻想的な物語。

ロシア

『しずかなおはなし』

文:サムイル・マルシャーク
絵:ウラジミル・レーベデフ
訳:うちだ りさこ
発行:福音館書店

静かな秋の真夜中、「とぷ　とぷ　とぷ」と小さなかわいい足音をたてながら、ハリネズミの一家が散歩に出かけます。『森は生きている』の作者、サムイル・マルシャークによるロシアの代表的絵本です。

ハンガリー

『もりのたいしょうははりねずみ』

文:モーラ・フェレンツ
絵:レイク・カーロイ
訳:うちかわ かずみ
発行:偕成社

いばりんぼうだけどおっちょこちょいのクマと、弱虫だけど知恵がはたらくハリネズミ。でこぼこコンビが森の大将の座をめぐって対決をします。愉快なお話とかわいい挿絵が楽しめるハンガリーの童話です。

スウェーデン

日本

『はりねずみのルーチカ』

文:かんの ゆうこ
絵:北見葉胡
発行:講談社

ジャムづくりと歌が大好きなハリネズミのルーチカは、いつも頭にリンゴをのせて、お腹がすいた友達にわけてあげます。不思議なフェリエの国でルーチカと森の仲間たちがくりひろげるファンタジー。

『VANDRING はりねずみくんのひとりだち』

文:ウルフ・スタルク
絵:アンカトリーヌ・シグリッド・ストールベリ
発行:イケア(イケアストアのみで販売)

ひとりだちをするために冬のねぐらを探しに出かけたハリネズミの坊や。森のいきものや植物たちと出会い、さまざまなことを学びます。スウェーデンの森の自然とハリネズミの生態も垣間見れます。

日本

『はりねずみのしろ』

文:大森秀樹
絵:佐々木美香
発行:パワーショベル

ちいさなハリネズミがまだ見ぬ城をめざして旅をつづけるお話。旅の途中でふりかかるさまざまな困難を乗り越えて、「きみ」に花を届けます。次は何が起こるのか、ページをめくるのが楽しみな1冊です。

『あかいハリネズミ』

韓国

文・絵:ジェイドナビ・ジン
訳:深川明日美
発行:リトルモア

「あなたを抱きしめてくれるひとがともだちよ」。死んだおかあさんが残した言葉を胸に、コハリネズミは友達探しの旅へ。美しくも哀しい物語と絵を味わいながら、愛や友情についても考えさせられます。

ハリネズミに会いに行こう

かわいいハリネズミは動物園でも大人気！
ハリネズミに出会えるスポットをご紹介します。

動物園でハリネズミ見学のPOINT

生態を学ぶ

展示パネルや係員さんの説明などによって生態を学ぶことができます。

ふれあう

ふれあいイベントなどを行っている施設では、直接ふれることができます。

展示の工夫を楽しむ

夜行性のハリネズミに合わせた昼夜逆転させた環境での展示、自然を再現した空間での放し飼いなど、展示スタイルはさまざまです。

埼玉県こども自然動物公園の「ピーターラビットの森」。春から秋にかけて放し飼いにしているハリネズミを見ることができます。写真提供:埼玉県こども動物自然公園

ハリネズミを展示している動物園

※2014年6月現在の情報です。
展示内容が変更になる場合がございますので、おでかけ前にご確認ください。

岩手県 盛岡市動物公園	TEL 019-654-8266 岩手県盛岡市 新庄字下八木田 60-18	ヨツユビハリネズミ 見どころ： 不定期でふれあいイベントあり	♂ 1匹
栃木県 那須どうぶつ王国	TEL 0287-77-1110 栃木県那須郡 那須町大島みどりヶ丘	ヨツユビハリネズミ 見どころ： 平日は係員に申し出ればふれあいOK	♀ 1匹
群馬県 群馬 サファリパーク	TEL 0274-64-2111 群馬県富岡市岡本 1	ヨツユビハリネズミ 見どころ： ウォーキングサファリゾーンにて展示	♂ 2匹　♀ 8匹
埼玉県 埼玉県こども 動物自然公園	TEL 0493-35-1234 埼玉県東松山市岩殿 554	ヨツユビハリネズミ 見どころ： 春から秋にかけては放飼場で見ることができる	♂ 2匹　♀ 2匹

東京都	井の頭自然文化園	TEL 0422-46-1100	東京都武蔵野市御殿山 1-17-6	ヨツユビハリネズミ	♂4匹　♀2匹	見どころ：園内資料館のガラスケースで飼育展示
長野県	飯田市立動物園	TEL 0265-22-0416	長野県飯田市扇町 33	ヨツユビハリネズミ	♂1匹　♀1匹	見どころ：めずらしいアルビノを飼育。ナイトズーも実施
静岡県	伊豆アニマルキングダム	TEL 0557-95-3535	静岡県賀茂郡東伊豆町稲取 3344	ヨツユビハリネズミ	♂4匹　♀5匹	見どころ：ふれあいブースで自由にさわることができる
静岡県	静岡市立日本平動物園	TEL 054-262-3251	静岡県静岡市駿河区池田 1767-6	ヨツユビハリネズミ	♀2匹	見どころ：10:30AMくらいのごはんタイムがおすすめ
愛知県	豊橋総合動植物公園	TEL 0532-41-2185	愛知県豊橋市大岩町字大穴 1-238	ヨツユビハリネズミ	♂7匹　♀9匹	見どころ：給餌時間(11:00～12:00AM)が動きがよくおすすめ
愛知県	名古屋市東山動植物園	TEL 052-782-2111	愛知県名古屋市千種区東山元町 3-70	ヨツユビハリネズミ	♂2匹　♀2匹	見どころ：室内が暗くなる12:00AM 以降は、動く姿が見られる
京都府	京都市動物園	TEL 075-771-0210	京都府京都市左京区岡崎法勝寺町岡崎公園内	ヨツユビハリネズミ	♀2匹	見どころ：昼夜を逆転させた夜行性エリアにて展示
兵庫県	姫路セントラルパーク	TEL 079-264-1611	兵庫県姫路市豊富町神谷 1436-1	ヨツユビハリネズミ	♂4匹　♀10匹	見どころ：季節をイメージして月毎に展示レイアウトを変更
大分県	九州自然動物公園アフリカンサファリ	TEL 0978-48-2331	大分県宇佐市安心院町南畑 2-1755-1	ヨツユビハリネズミ	♂6匹　♀11匹	見どころ：ガラス室にて展示。ふれあいイベントあり
熊本県	阿蘇ファームランド	TEL 0967-67-2100	熊本県阿蘇郡南阿蘇村河陽 5579-3	ヨツユビハリネズミ	♂1匹	見どころ：園内の「ふれあい動物王国」でさわることができる
熊本県	阿蘇カドリー・ドミニオン	TEL 0967-34-2020	熊本県阿蘇市黒川 2163	ヨツユビハリネズミ	♂5匹　♀2匹	見どころ：常時ふれあいサービスあり

ねぇまって〜

なあに？

あのね…

nakayoshi

なかよし ハリネズミ

kakurenbo

かくれんぼ ハリネズミ

Suppori

あっ

nemunemu

ねむねむ ハリネズミ

おわりに

まるごと1冊ハリネズミの本、いかがでしたでしょうか?
つぶらな瞳でじっと見つめる愛らしい表情、
ごきげんナナメでちょっぴり針を立てる姿。
小さな体でめいっぱい感情表現するハリネズミに
多くのハリネズミ飼いさんが癒されています。

でも、ハリネズミがペットとして注目を集め、
多くの人に飼育されるようになったのは、日本ではごく最近のこと。
その生態はまだまだ知られていないことが多く、
飼育方法の情報も少ないのが現状です。

この1冊が、ハリネズミを飼っている人にも、
これから飼いたいと思っている人にも、
少しでもお役に立てれば幸いです。

最後に、みなさんとハリネズミとの幸せな暮らしを願い
「ハリネズミからの5つのお願い」を掲げおわりに代えさせていただきます。

ハリネズミからの5つのお願い

ハリネズミからハリネズミ飼いさんへ、心にとめておいてほしいこと

1 最後まで飼ってください

一度家族になって仲良くなったら、ぼくたちは飼い主さんのにおいを覚えています。そのやさしいにおいに包まれて、最期まで一緒に暮らしたいのです。

2 毎日ごはんを食べさせてください

ぼくたちも毎日お腹がすきます。健康でいるためにも、からだに必要な食事がほしいのです。おうちのなかでは、自然界の虫をつかまえることができません。ママがくれたごはんが、ぼくたちのごはんのすべてです。

3 やさしく接してください

ぼくたちは怒ると針を立てるけど、それが見たいからって怒らせないでね。イヤなことを何度もされると、ぼくたちは人間を嫌いになってしまいます。

4 お昼寝させてください

ぼくたちは夜行性です。お昼にゆっくり寝て、夜活発に動きます。
お昼に起こされると体調を崩してしまうから、昼間はゆっくり寝かせてください。

5 迷子にしないでください

ぼくたちは、せまいところや暗いところが大好きです。おさんぽしていると、つい、もぐったりかくれたりしてしまいます。慣れない場所や外でのおさんぽは、ママがぼくたちを見失ってしまうかもしれません。ペットとして育ったぼくたちは自然界では生きていけません。決して迷子にしないでね。

STAFF

編　　集：　大島佳子
文　　章：　大野瑞絵、下田英利果、網倉俊旨
デザイン：　松永　路
写　　真：　蜂巣文香
イラスト：　サイトウトモミ

Special Thanks（敬称略）

@hedgehogdays（まるたろう）、荻野裕基・弥生（ビッケ＆メル）、川手麻里（デイジー）、アネモネユラリ（ぽんぽこ、モコモコ）、E.K（ハリノ）、いくたす（しろ、ちょこ）、イチコマ（はぐり）、さほ（まる、ひの）、Saya（ウニ）、みさこさん（ジン、シモン、シェリー）、モグハの父（モグハ）、ぽたほく（ミモザ、わたあめ、りんごあめ、ダンデリオン）、yoshiko（楓、檜）

制作協力

ハリハリライフ

ハリネズミ専門のブリーダーによるハリネズミ専門店。丁寧な飼育アドバイスで人気。国産ハリネズミの販売のほか、オリジナルフードなどの飼育用品もネット販売している。

●ホームページ
http://harinezumi.org/
●ネットショップ「Hari Net」
http://harinezumi.net/

小物制作（P72 ~ 81）

上野典子

布や羊毛などさまざまな素材で作品を制作。オスのハリネズミ“ちっくん”と暮らすハリネズミ飼いでもある。

飼《か》い方《かた》から、一緒《いっしょ》に暮《く》らす楽《たの》しみ、グッズまで

ハリネズミ飼《か》いになる

2014年　7月20日　発　行
2014年11月20日　第２刷

NDC790

編　集　　ハリネズミ好《ず》き編集部《へんしゅうぶ》
発行者　　小川雄一
発行所　　株式会社誠文堂新光社
〒113-0033　東京都文京区本郷 3-3-11
（編集）電話 03-5800-5751
（販売）電話 03-5800-5780
http://www.seibundo-shinkosha.net/

印刷・製本　大日本印刷株式会社

ISBN978-4-416-71423-2